24년 출간 교재　25년 출간 교재

구분	과목	교재	예비 초등	[illegible]	3-4학년	5-6학년	예비중등
쓰기력	국어	한글 바로 쓰기	P1 P2 P3 P1~3_활동 모음집				
	국어	맞춤법 바로 쓰기		1A 1B 2A 2B			
어휘력	전 과목	어휘		1A 1B 2A 2B	3A 3B 4A 4B	5A 5B 6A 6B	
	전 과목	한자 어휘		1A 1B 2A 2B	3A 3B 4A 4B	5A 5B 6A 6B	
	영어	파닉스		1 2			
	영어	영단어			3A 3B 4A 4B	5A 5B 6A 6B	
독해력	국어	독해	P1 P2	1A 1B 2A 2B	3A 3B 4A 4B	5A 5B 6A 6B	
	한국사	독해 인물편			1 2	3 4	
	한국사	독해 시대편			1 2	3 4	
계산력	수학	계산		1A 1B 2A 2B	3A 3B 4A 4B	5A 5B 6A 6B	7A 7B
교과서 문해력	전 과목	개념어+서술어		1A 1B 2A 2B	3A 3B 4A 4B	5A 5B 6A 6B	
	사회	교과서 독해			3A 3B 4A 4B	5A 5B 6A 6B	
	과학	교과서 독해			3A 3B 4A 4B	5A 5B 6A 6B	
	수학	문장제 기본		1A 1B 2A 2B	3A 3B 4A 4B	5A 5B 6A 6B	
	수학	문장제 발전		1A 1B 2A 2B	3A 3B 4A 4B	5A 5B 6A 6B	
창의·사고력	전 영역	창의력 키우기	1 2 3 4				

* 초등학생을 위한 영역별 배경지식 함양 <완자 공부력> 시리즈는 2024년부터 출간됩니다.

* 완자 공부력 신간은 계속해서 출간됩니다.

공부로 이끄는 힘!

완자 공부력

교과서 문해력 **수학 문장제** | 기본 | 1A 1학년

수학 문장제 기본 단계별 구성

1A	1B	2A	2B	3A	3B
9까지의 수	100까지의 수	세 자리 수	네 자리 수	덧셈과 뺄셈	곱셈
여러 가지 모양	덧셈과 뺄셈 (1)	여러 가지 도형	곱셈구구	평면도형	나눗셈
덧셈과 뺄셈	여러 가지 모양	덧셈과 뺄셈	길이 재기	나눗셈	원
비교하기	덧셈과 뺄셈 (2)	길이 재기	시각과 시간	곱셈	분수
50까지의 수	시계 보기와 규칙 찾기	분류하기	표와 그래프	길이와 시간	들이와 무게
	덧셈과 뺄셈 (3)	곱셈	규칙 찾기	분수와 소수	자료의 정리

수학 교과서 전 단원, 전 영역 문장제 문제를
쉽게 익히고 연습하여 문제 해결력을 길러요!

4A	4B	5A	5B	6A	6B
큰 수	분수의 덧셈과 뺄셈	자연수의 혼합 계산	수의 범위와 어림하기	분수의 나눗셈	분수의 나눗셈
각도	삼각형	약수와 배수	분수의 곱셈	각기둥과 각뿔	소수의 나눗셈
곱셈과 나눗셈	소수의 덧셈과 뺄셈	규칙과 대응	합동과 대칭	소수의 나눗셈	공간과 입체
평면도형의 이동	사각형	약분과 통분	소수의 곱셈	비와 비율	비례식과 비례배분
막대 그래프	꺾은선 그래프	분수의 덧셈과 뺄셈	직육면체	여러 가지 그래프	원의 둘레와 넓이
규칙 찾기	다각형	다각형의 둘레와 넓이	평균과 가능성	직육면체의 부피와 겉넓이	원기둥, 원뿔, 구

특징과 활용법

준비하기

단원별 2쪽, 가볍게 몸풀기

문장제 준비하기

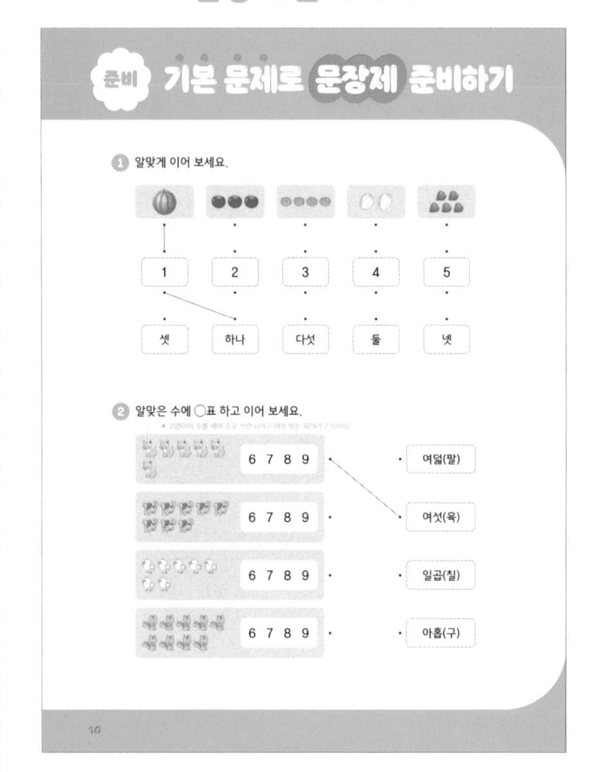

계산 문제나 기본 문제를
풀면서 개념을 확인해요!
잘 기억나지 않는 건
도움말을 보면서 떠올려요!

일차 학습

하루 4쪽, 문장제 학습

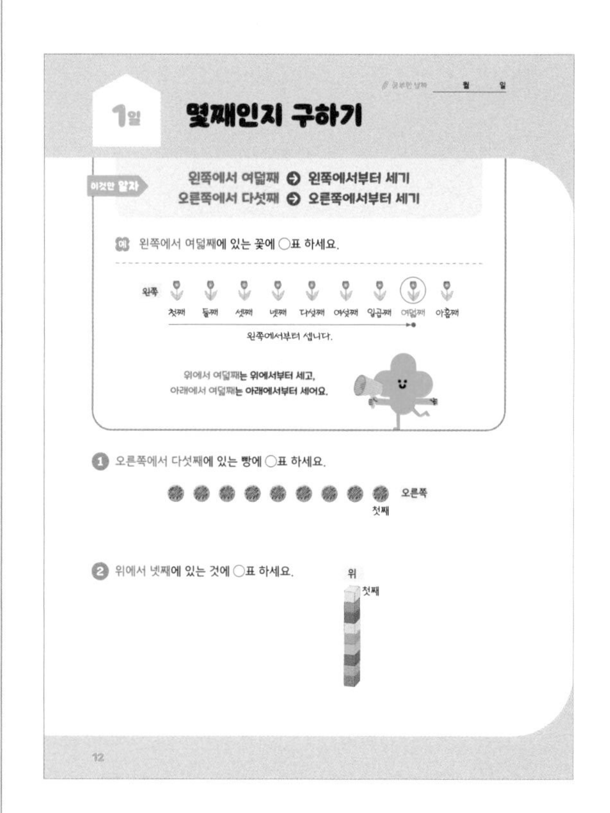

하루에 4쪽만 공부하면 끝!
이것만 알자 속 내용만 기억하면
풀이가 술술~

실력 확인하기

단원별 마무리하기와 총정리 실력 평가

마무리하기

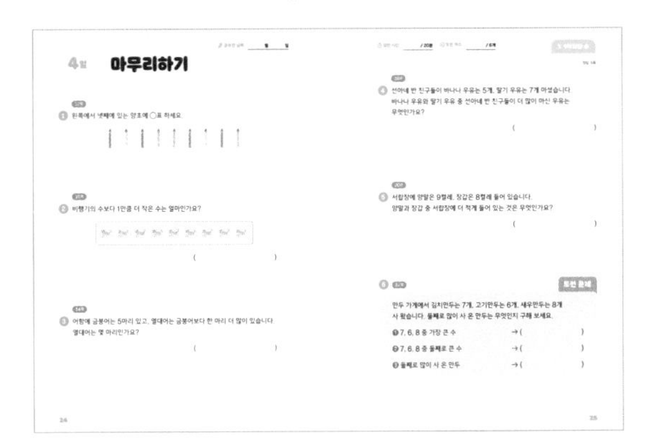

앞에서 배운 문제를
풀면서 실력을 확인해요.
조금 더 어려운 도전 문제까지
성공하면 최고!

실력 평가

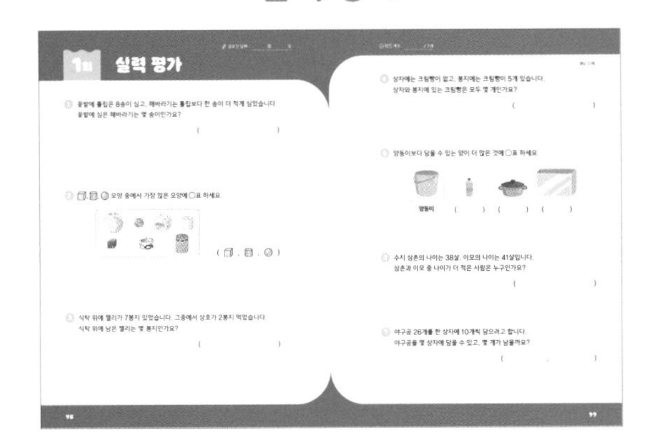

한 권을 모두 끝낸 후엔
실력 평가로 내 실력을 점검해요!
6개 이상 맞혔으면
발전편으로 GO!

정답과 해설

정답과 해설을 빠르게 확인하고,
틀린 문제는 다시 풀어요!
QR을 찍으면 모바일로도
정답을 확인할 수 있어요!

차례

일차	학습 내용	쪽수	확인

1 9까지의 수

준비

기본 문제로
문장제 준비하기

1일차

- 몇째인지 구하기
- 1만큼 더 큰 수 구하기

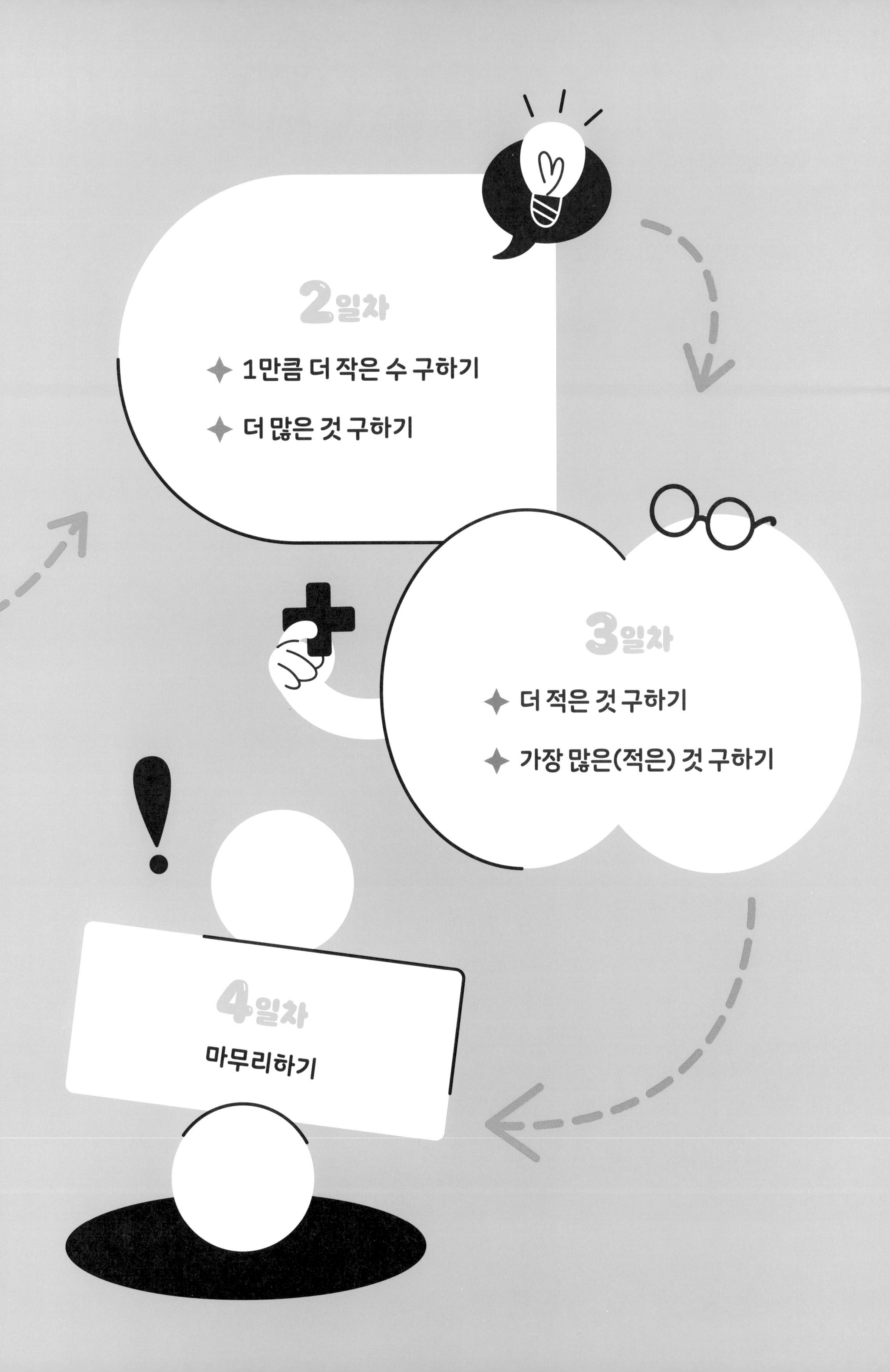
2일차
✦ 1만큼 더 작은 수 구하기
✦ 더 많은 것 구하기
3일차
✦ 더 적은 것 구하기
✦ 가장 많은(적은) 것 구하기
4일차
마무리하기

준비 기본 문제로 문장제 준비하기

1 알맞게 이어 보세요.

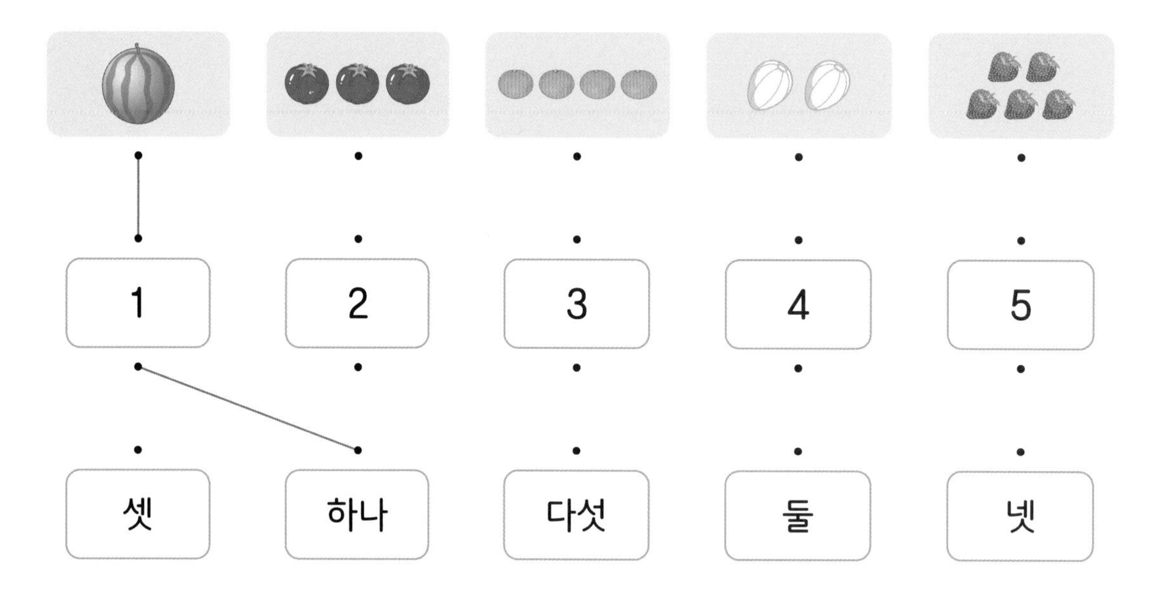

2 알맞은 수에 ○표 하고 이어 보세요.

정답 2쪽

3 순서에 알맞게 빈칸에 수를 써넣으세요.

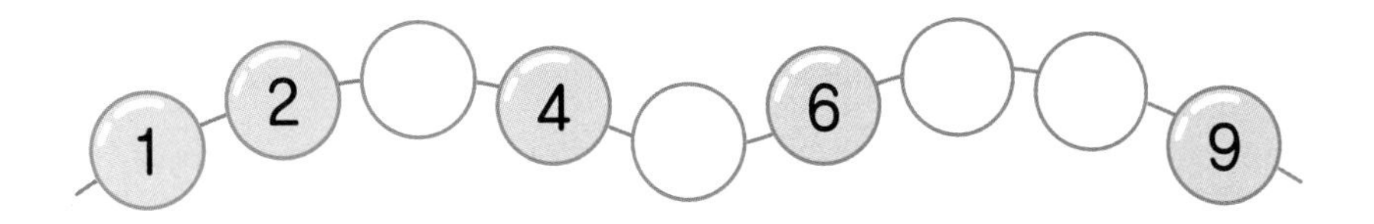
1
2
4
6
9

4 빈칸에 알맞은 수를 써넣으세요.

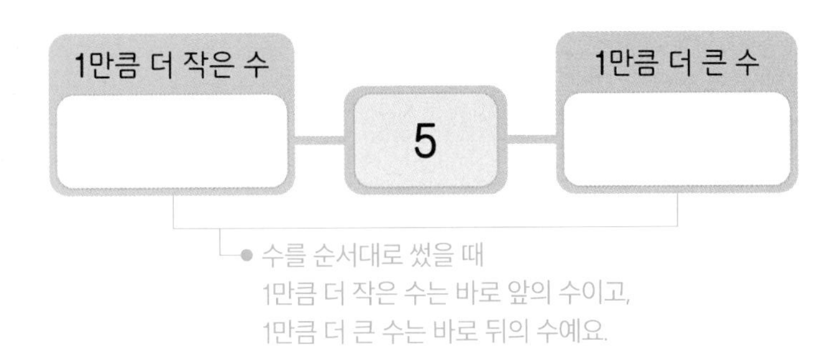
1만큼 더 작은 수
5
1만큼 더 큰 수
수를 순서대로 썼을 때
1만큼 더 작은 수는 바로 앞의 수이고,
1만큼 더 큰 수는 바로 뒤의 수예요.

5 더 큰 수에 ○표 하세요.

(1) | 2 | 3 |

(2) | 7 | 4 |

공부한 날짜 월 일

1일 몇째인지 구하기

이것만 알자

왼쪽에서 여덟째 ➔ 왼쪽에서부터 세기
오른쪽에서 다섯째 ➔ 오른쪽에서부터 세기

예 왼쪽에서 여덟째에 있는 꽃에 ○표 하세요.

왼쪽

첫째 둘째 셋째 넷째 다섯째 여섯째 일곱째 여덟째 아홉째

왼쪽에서부터 셉니다.

위에서 여덟째는 위에서부터 세고,
아래에서 여덟째는 아래에서부터 세어요.

1 오른쪽에서 다섯째에 있는 빵에 ○표 하세요.

         오른쪽

첫째

2 위에서 넷째에 있는 것에 ○표 하세요.

위

왼쪽 ❶, ❷번과 같이 문제의 핵심 부분에 색칠하고,
문제를 풀어 보세요.

정답 2쪽

❸ 오른쪽에서 일곱째에 있는 사람에 ◯표 하세요.

❹ 아래에서 여덟째에 있는 서랍에 ◯표,
위에서 셋째에 있는 서랍에 △표 하세요.

❺ 토끼는 왼쪽에서 몇째에 있는지 써 보세요.

사자

말

타조

원숭이

코끼리

토끼

돼지

닭

다람쥐

(　　　　　　　　　　)

1일 1만큼 더 큰 수 구하기

이것만 알자

1만큼 더 큰 수 / 한 개 더 많이 → 바로 뒤의 수를 구하기

예 바나나의 수보다 1만큼 더 큰 수는 얼마인가요?

바나나의 수는 3입니다.
3보다 1만큼 더 큰 수는 3 바로 뒤의 수이므로 4입니다.

답 4

1 나비의 수보다 1만큼 더 큰 수는 얼마인가요?

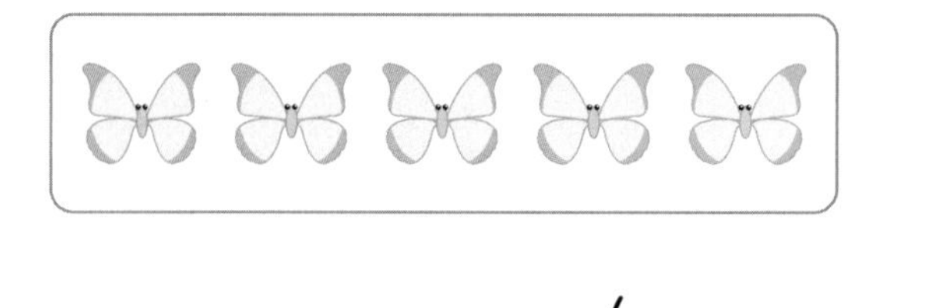

(　　　　　　　　　)

2 곰 인형은 6개 있고, 토끼 인형은 곰 인형보다 한 개 더 많이 있습니다.
토끼 인형은 몇 개인가요?

(　　　　　　　　　개)

왼쪽 ①, ②번과 같이 문제의 핵심 부분에 색칠하고,
문제를 풀어 보세요.

정답 3쪽

③ 자전거의 수보다 1만큼 더 큰 수는 얼마인가요?

(　　　　　　　　　　)

④ 동화책은 8권 있고, 만화책은 동화책보다 한 권 더 많이 있습니다.
만화책은 몇 권인가요?

(　　　　　　　　　　)

⑤ 진우는 연필을 4자루 가지고 있고, 다솜이는 진우보다 연필을 한 자루 더 많이 가지고 있습니다. 다솜이가 가지고 있는 연필은 몇 자루인가요?

(　　　　　　　　　　)

2일 1만큼 더 작은 수 구하기

이것만 알자

1만큼 더 작은 수
한 개 더 적게
→ 바로 앞의 수를 구하기

예 사탕의 수보다 1만큼 더 작은 수는 얼마인가요?

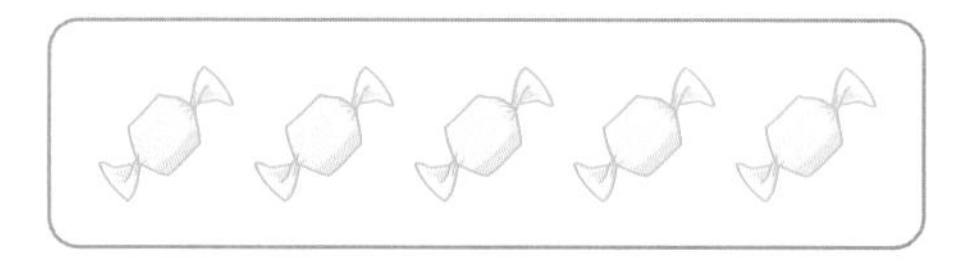

사탕의 수는 5입니다.
5보다 1만큼 더 작은 수는 5 바로 앞의 수이므로 4입니다.

답 4

1 풍선의 수보다 1만큼 더 작은 수는 얼마인가요?

( )

2 접시에 딸기는 4개 있고, 키위는 딸기보다 한 개 더 적게 있습니다.
키위는 몇 개인가요?

(개)

왼쪽 ①, ②번과 같이 문제의 핵심 부분에 색칠하고,
문제를 풀어 보세요.

정답 3쪽

③ 기린의 수보다 1만큼 더 작은 수는 얼마인가요?

(　　　　　　　　)

④ 주차장에 승용차는 7대 있고, 트럭은 승용차보다 한 대 더 적게 있습니다. 트럭은 몇 대인가요?

(　　　　　　　　)

⑤ 하은이의 나이는 9살이고, 동생의 나이는 하은이보다 한 살 더 적습니다. 동생의 나이는 몇 살인가요?

(　　　　　　　　)

더 많은 것 구하기

이것만 알자

더 많은 것은? ➔ 더 큰 수를 구하기

예 초콜릿은 6개, 젤리는 5개 있습니다.
초콜릿과 젤리 중 더 많은 것은 무엇인가요?

6과 5 중 더 큰 수는 6입니다.

⇨ 더 많은 것은 초콜릿입니다.

답 초콜릿

1 가위는 3개, 지우개는 4개 있습니다.
가위와 지우개 중 더 많은 것은 무엇인가요?

( )

2 색종이는 7장, 도화지는 6장 있습니다.
색종이와 도화지 중 더 많은 것은 무엇인가요?

( )

왼쪽 ①, ②번과 같이 문제의 핵심 부분에 색칠하고,
비교해야 하는 두 수에 밑줄을 그어 문제를 풀어 보세요.

정답 4쪽

③ 현우네 모둠은 5명이고, 정은이네 모둠은 4명입니다.
현우네 모둠과 정은이네 모둠 중 모둠원 수가 더 많은 모둠은 누구네 모둠인가요?

( )

④ 과일 가게에서 복숭아는 8상자, 사과는 6상자 팔았습니다.
복숭아와 사과 중 더 많이 판 과일은 무엇인가요?

( )

⑤ 운동장을 세호는 7바퀴 달렸고, 윤미는 9바퀴 달렸습니다. 세호와 윤미 중 운동장을 더 많이 달린 사람은 누구인가요?

( )

3일 더 적은 것 구하기

이것만 알자 더 적은 것은? ➔ 더 작은 수를 구하기

예 농구공은 3개, 축구공은 5개 있습니다.
농구공과 축구공 중 더 적은 것은 무엇인가요?

3과 5 중 더 작은 수는 3입니다.
⇨ 더 적은 것은 농구공입니다.

답 농구공

1 우산은 7개, 비옷은 4개 있습니다.
우산과 비옷 중 더 적은 것은 무엇인가요?

( )

2 물고기를 선우는 6마리, 아버지는 9마리 잡았습니다.
선우와 아버지 중 물고기를 더 적게 잡은 사람은 누구인가요?

( )

왼쪽 ①, ②번과 같이 문제의 핵심 부분에 색칠하고,
비교해야 하는 두 수에 밑줄을 그어 문제를 풀어 보세요.

정답 4쪽

3 운동화는 4켤레, 구두는 6켤레 있습니다.
운동화와 구두 중 더 적은 것은 무엇인가요?

( )

4 어머니가 참치김밥은 5줄, 치즈김밥은 8줄 사 오셨습니다.
참치김밥과 치즈김밥 중 어머니가 더 적게 사 오신 김밥은 무엇인가요?

( )

5 어린이들이 방패연은 2개, 가오리연은 4개 날리고 있습니다.
방패연과 가오리연 중 어린이들이 더 적게 날리고
있는 연은 무엇인가요?

( )

가오리연
방패연

3일 가장 많은(적은) 것 구하기

이것만 알자

가장 많은 것은? ➔ 가장 큰 수를 구하기
가장 적은 것은? ➔ 가장 작은 수를 구하기

예 강아지는 3마리, 오리는 7마리, 거위는 6마리 있습니다.
가장 많은 동물은 무엇인가요?

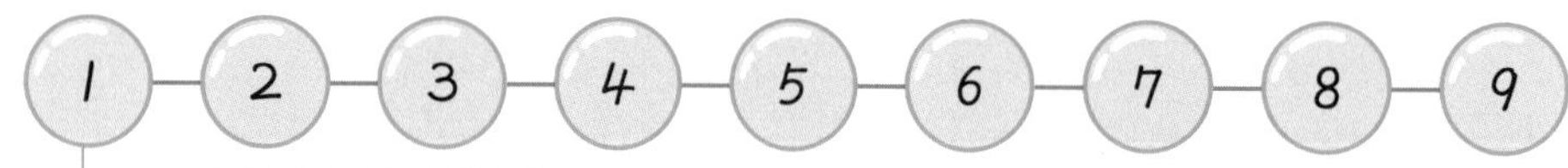

수를 순서대로 썼을 때
가장 큰 수는 가장 뒤에 있는 수이고,
가장 작은 수는 가장 앞에 있는 수예요.

3, 7, 6 중 가장 큰 수는 7입니다.
⇨ 가장 많은 동물은 오리입니다.

답 오리

3, 7, 6 중
가장 작은 수는 3이에요.
⇨ 가장 적은 동물은 강아지예요.

1 색연필은 6자루, 볼펜은 5자루, 연필은 1자루 있습니다.
가장 많은 것은 무엇인가요?

( )

2 파란색 구슬은 4개, 노란색 구슬은 3개, 분홍색 구슬은 8개 있습니다.
가장 적은 구슬은 무슨 색 구슬인가요?

( )

왼쪽 ①, ②번과 같이 문제의 핵심 부분에 색칠하고,
비교해야 하는 세 수에 밑줄을 그어 문제를 풀어 보세요.

정답 5쪽

③ 칭찬 붙임 딱지를 영주는 3장, 희수는 5장, 민석이는 4장 받았습니다. 칭찬 붙임 딱지를 가장 많이 받은 사람은 누구인가요?

( )

④ 방학 동안 책을 석진이는 2권, 하영이는 8권, 재희는 5권 읽었습니다. 책을 가장 적게 읽은 사람은 누구인가요?

( )

⑤ 연아네 마을에 소나무는 8그루, 은행나무는 4그루, 단풍나무는 9그루 있습니다. 연아네 마을에 가장 많은 나무는 무엇인가요?

( )

4일 마무리하기

12쪽

1 왼쪽에서 넷째에 있는 양초에 ◯표 하세요.

16쪽

2 비행기의 수보다 1만큼 더 작은 수는 얼마인가요?

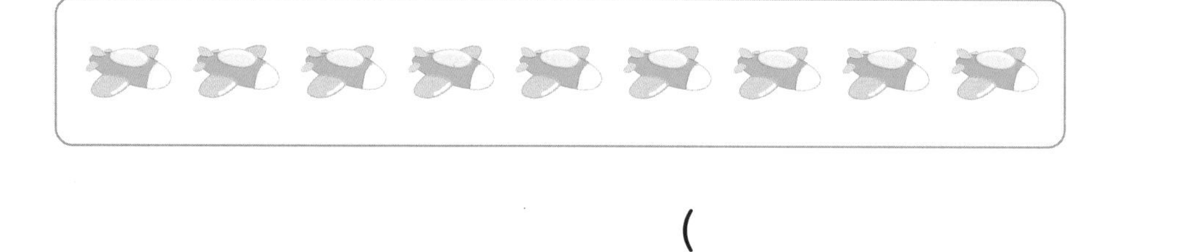

( )

14쪽

3 어항에 금붕어는 5마리 있고, 열대어는 금붕어보다 한 마리 더 많이 있습니다. 열대어는 몇 마리인가요?

( )

정답 5쪽

18쪽

4 선아네 반 친구들이 바나나 우유는 5개, 딸기 우유는 7개 마셨습니다. 바나나 우유와 딸기 우유 중 선아네 반 친구들이 더 많이 마신 우유는 무엇인가요?

( )

20쪽

5 서랍장에 양말은 9켤레, 장갑은 8켤레 들어 있습니다. 양말과 장갑 중 서랍장에 더 적게 들어 있는 것은 무엇인가요?

( )

6 22쪽

도전 문제

만두 가게에서 김치만두는 7개, 고기만두는 6개, 새우만두는 8개 사 왔습니다. 둘째로 많이 사 온 만두는 무엇인지 구해 보세요.

❶ 7, 6, 8 중 가장 큰 수 → ( )

❷ 7, 6, 8 중 둘째로 큰 수 → ( )

❸ 둘째로 많이 사 온 만두 → ( )

2 여러 가지 모양

준비

기본 문제로
문장제 준비하기

5일차

✦ 모양을 더 많이 이용한 것 찾기

✦ 모양을 더 적게 이용한 것 찾기

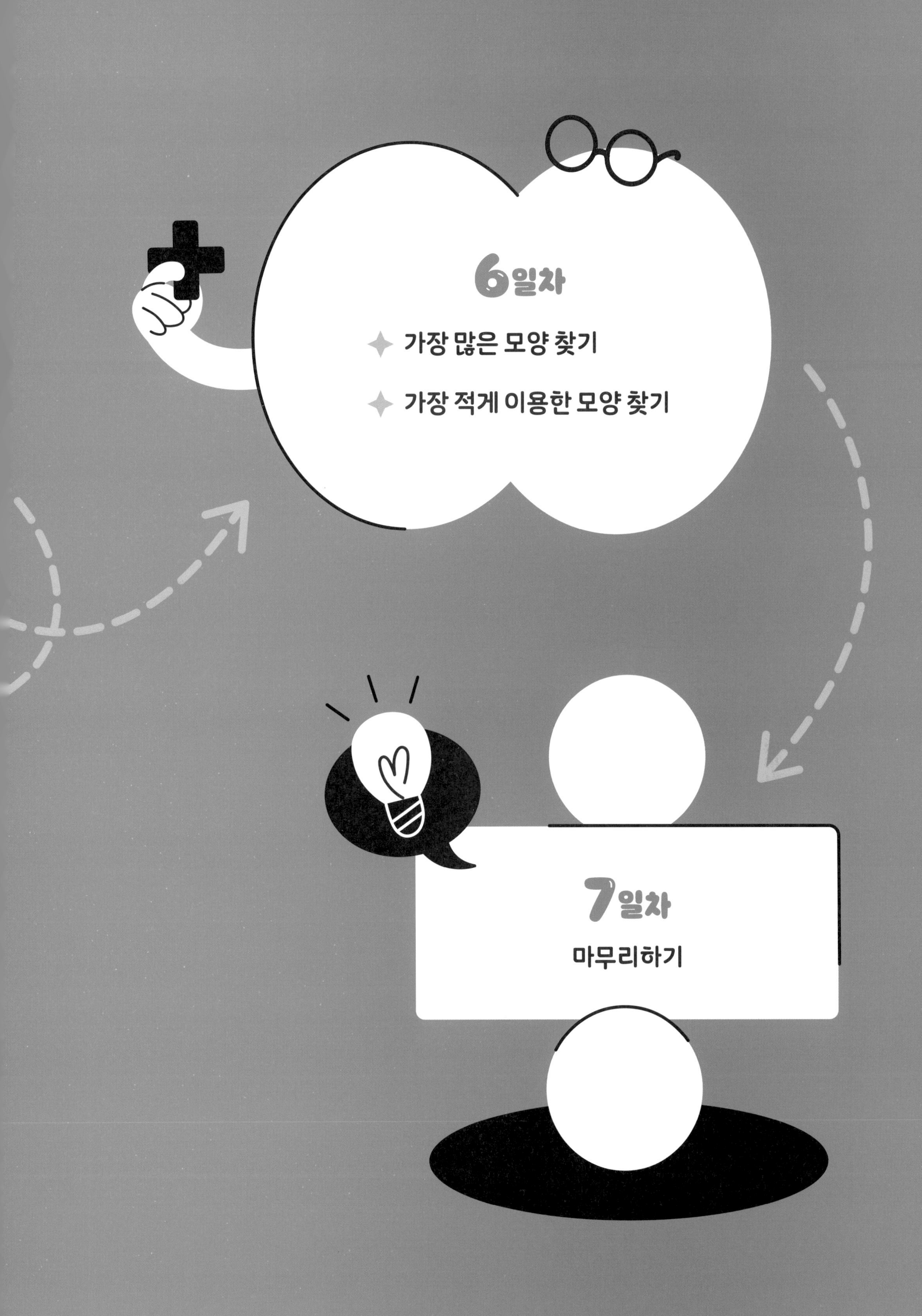
6일차
가장 많은 모양 찾기
가장 적게 이용한 모양 찾기
7일차
마무리하기

준비 기본 문제로 문장제 준비하기

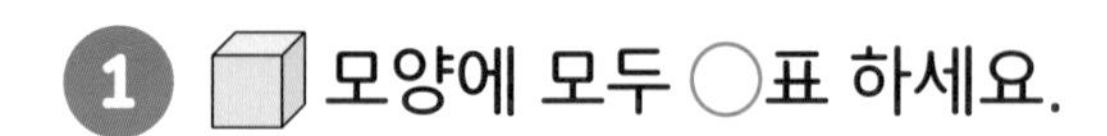

1 모양에 모두 ○표 하세요.

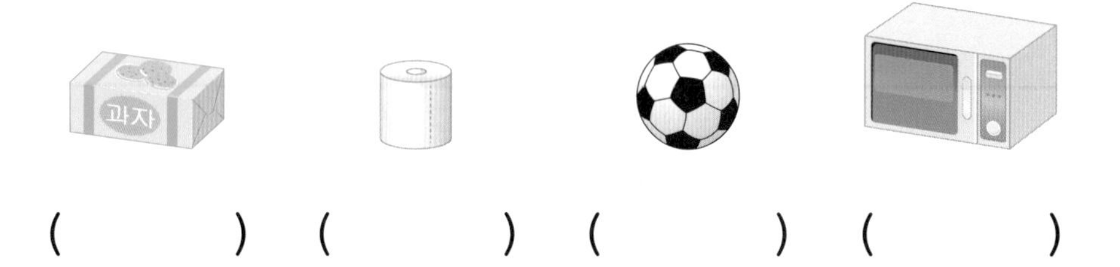

(　　) (　　) (　　) (　　)

2 모양에 모두 ○표 하세요.

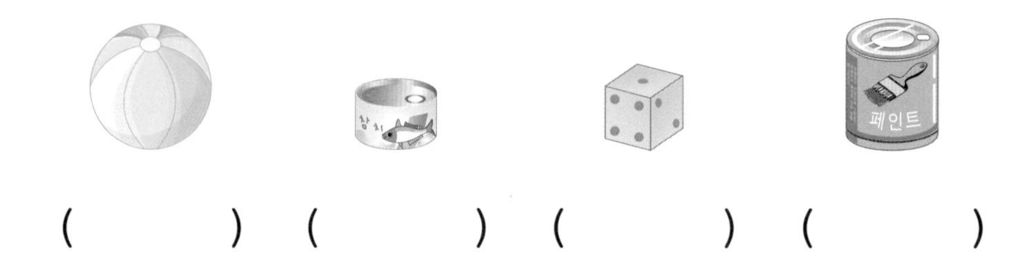

(　　) (　　) (　　) (　　)

3 모양에 모두 ○표 하세요.

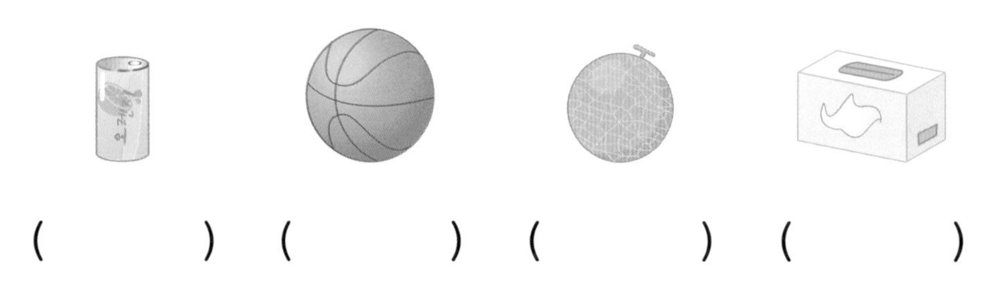

(　　) (　　) (　　) (　　)

정답 6쪽

4 일부분만 보이는 모양을 보고 어떤 모양인지 찾아 이어 보세요.

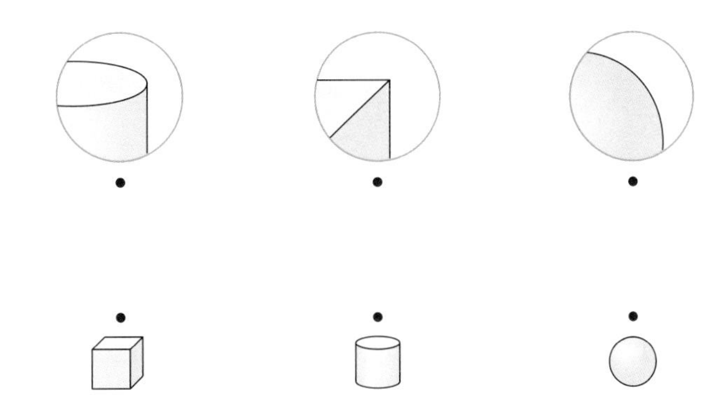

설명하는 모양을 찾아 ○표 하세요.

5 평평한 부분과 둥근 부분이 있습니다.

⇨ (, ,)

6 모든 부분이 평평하고, 뾰족한 부분이 있습니다.

⇨ (, ,)

7 평평한 부분이 없고, 둥근 부분만 있습니다.

⇨ (, ,)

5일 모양을 더 많이 이용한 것 찾기

이것만 알자 더 많이 이용한 것은? ➔ 개수가 더 많은 것을 찾기

예 모양을 더 많이 이용한 것에 ○표 하세요.

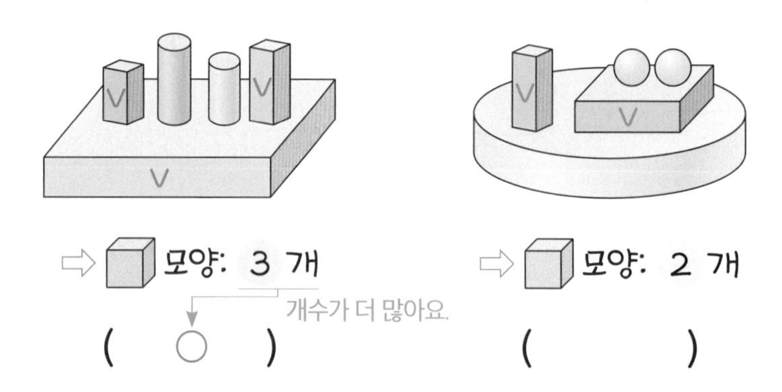

⇨ 모양: 3 개 ⇨ 모양: 2 개

개수가 더 많아요.

(○) ( )

1 모양을 더 많이 이용한 것에 ○표 하세요.

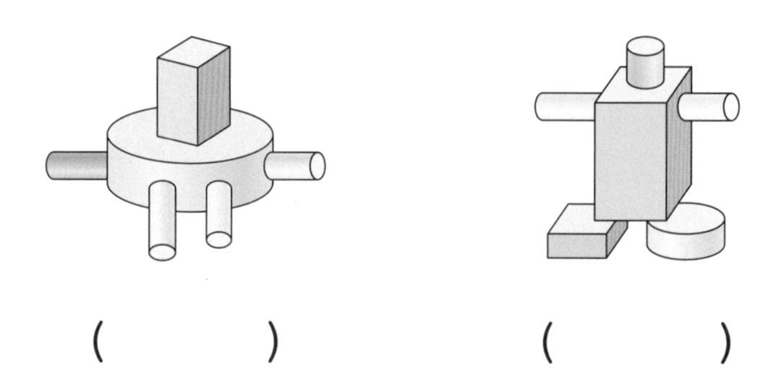

( ) ( )

2 모양을 더 많이 이용한 것에 ○표 하세요.

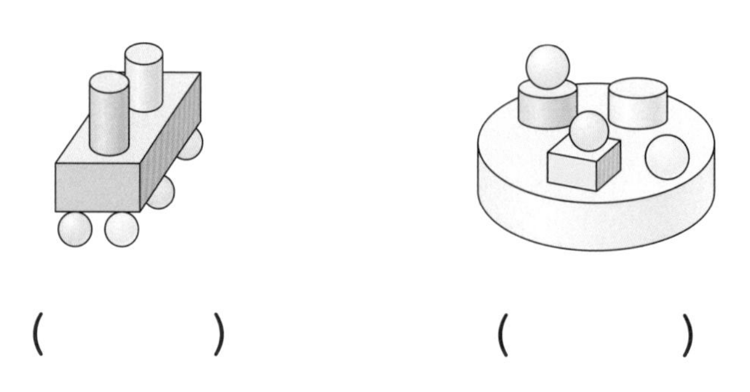

( ) ( )

왼쪽 ①, ②번과 같이 문제의 핵심 부분에 색칠하고,
문제를 풀어 보세요.

정답 6쪽

③ 모양을 더 많이 이용한 것에 ◯표 하세요.

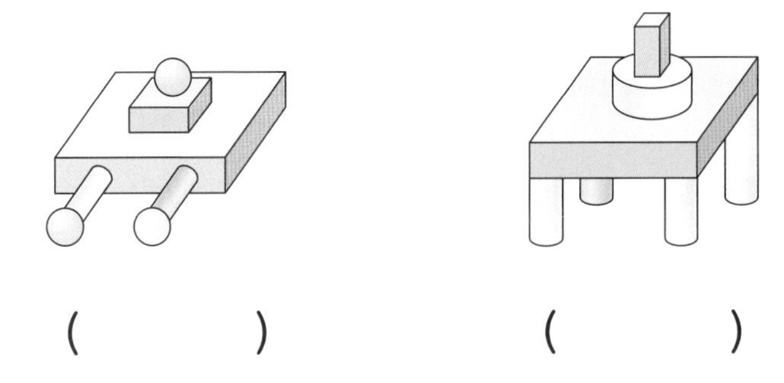

(　　　)　　(　　　)

④ 모양을 더 많이 이용한 것에 ◯표 하세요.

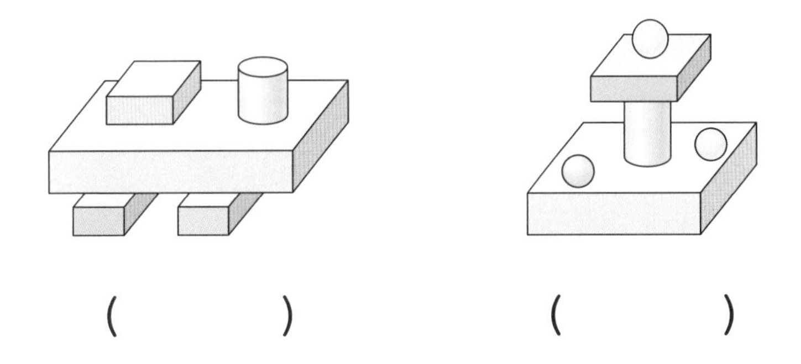

(　　　)　　(　　　)

⑤ 모양을 더 많이 이용한 것에 ◯표 하세요.

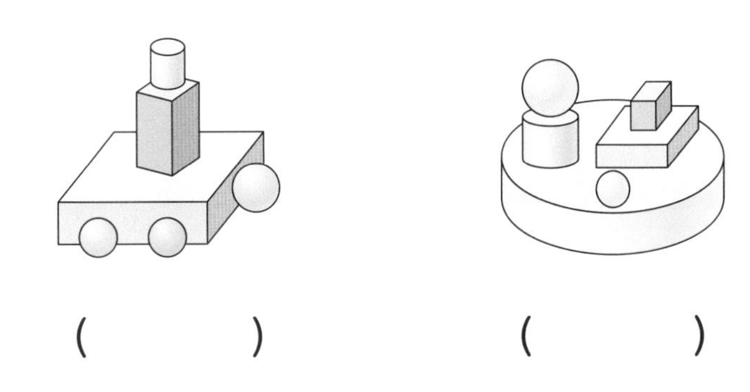

(　　　)　　(　　　)

5일 모양을 더 적게 이용한 것 찾기

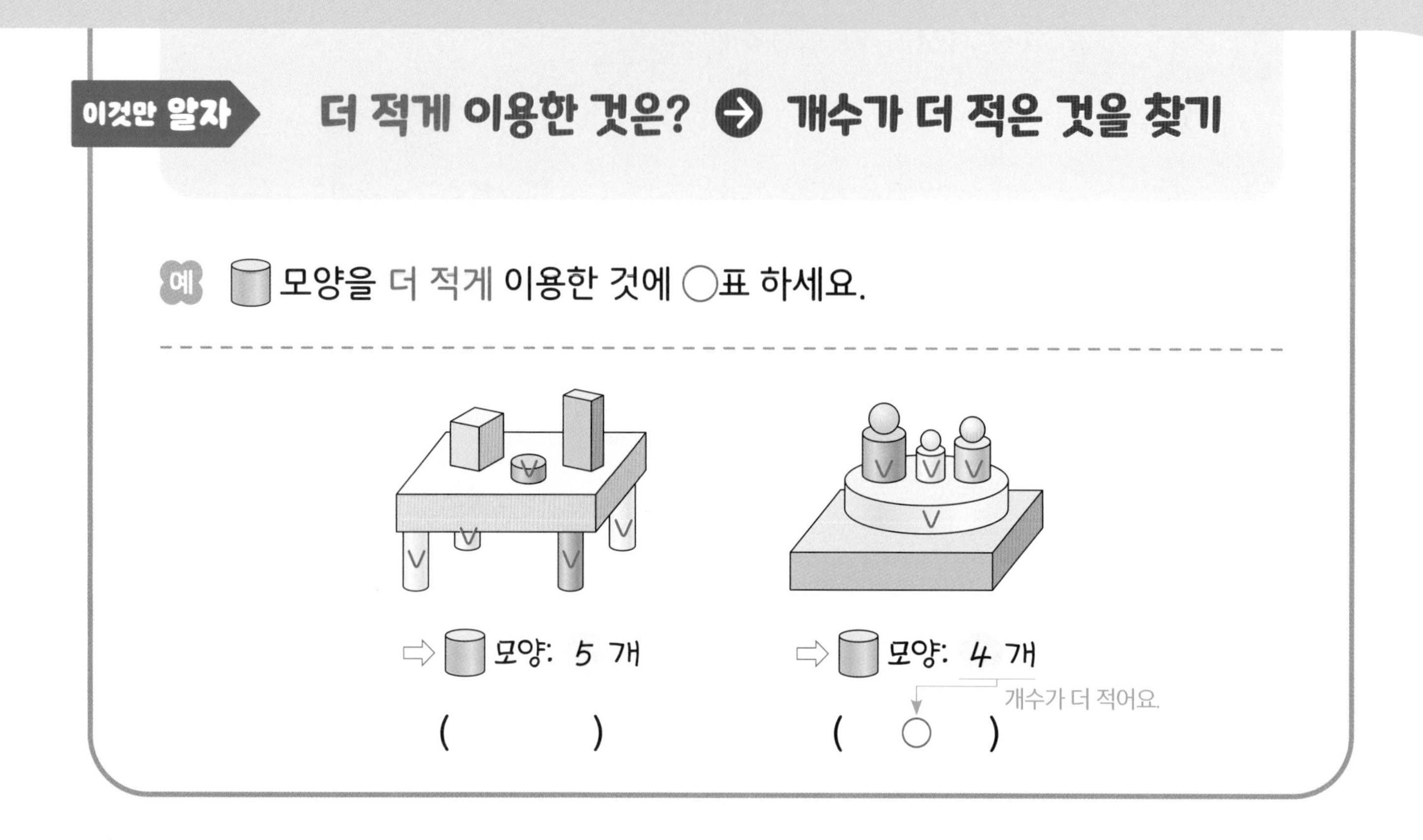

이것만 알자 더 적게 이용한 것은? ➔ 개수가 더 적은 것을 찾기

예 모양을 더 적게 이용한 것에 ○표 하세요.

1 모양을 더 적게 이용한 것에 ○표 하세요.

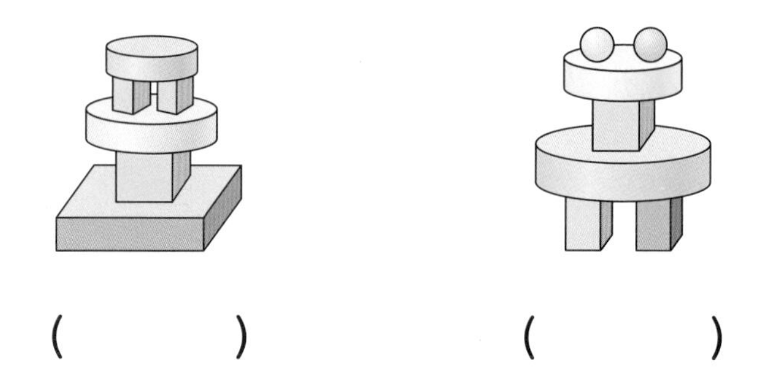

(   )   (   )

2 모양을 더 적게 이용한 것에 ○표 하세요.

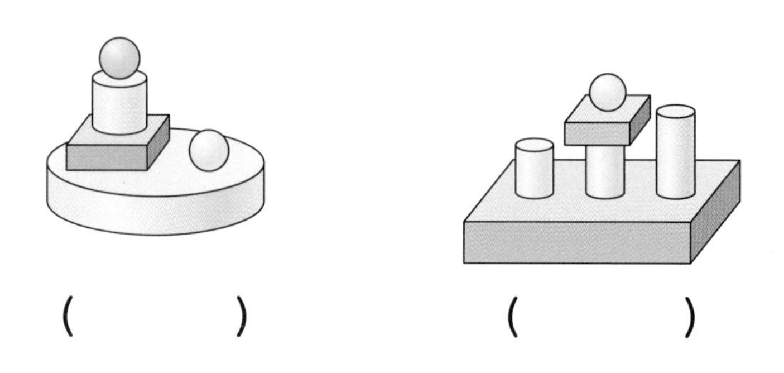

(   )   (   )

왼쪽 ①, ②번과 같이 문제의 핵심 부분에 색칠하고, 문제를 풀어 보세요.

정답 7쪽

③ (원기둥) 모양을 더 적게 이용한 것에 ○표 하세요.

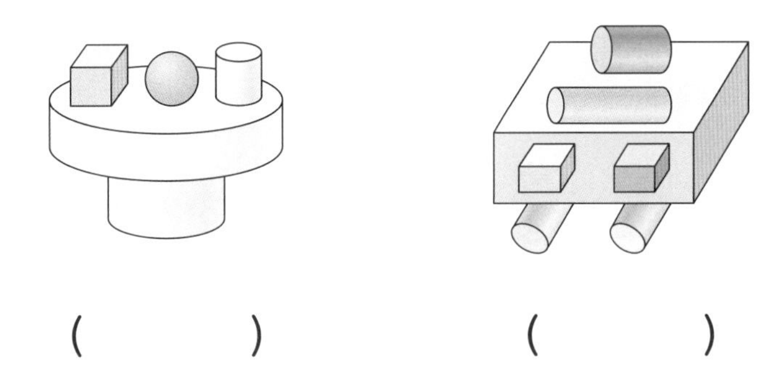

(　　　) (　　　)

④ (상자) 모양을 더 적게 이용한 것에 ○표 하세요.

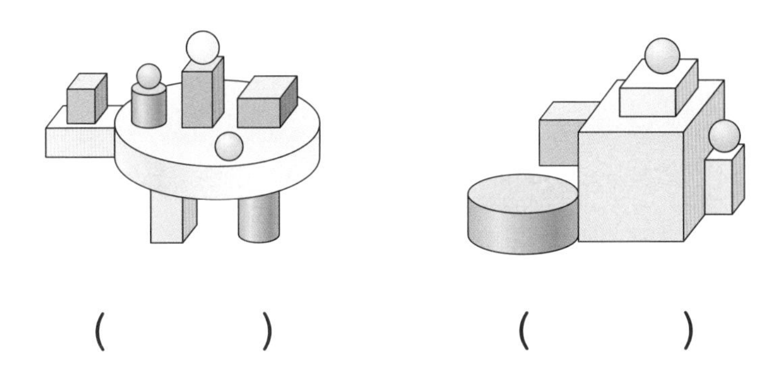

(　　　) (　　　)

⑤ (공) 모양을 더 적게 이용한 것에 ○표 하세요.

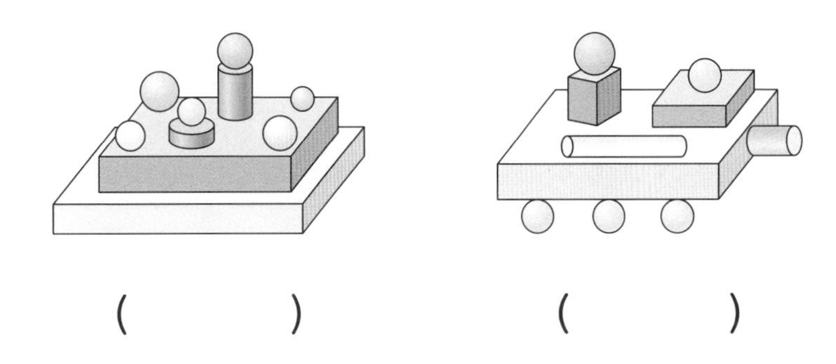

(　　　) (　　　)

6일 가장 많은 모양 찾기

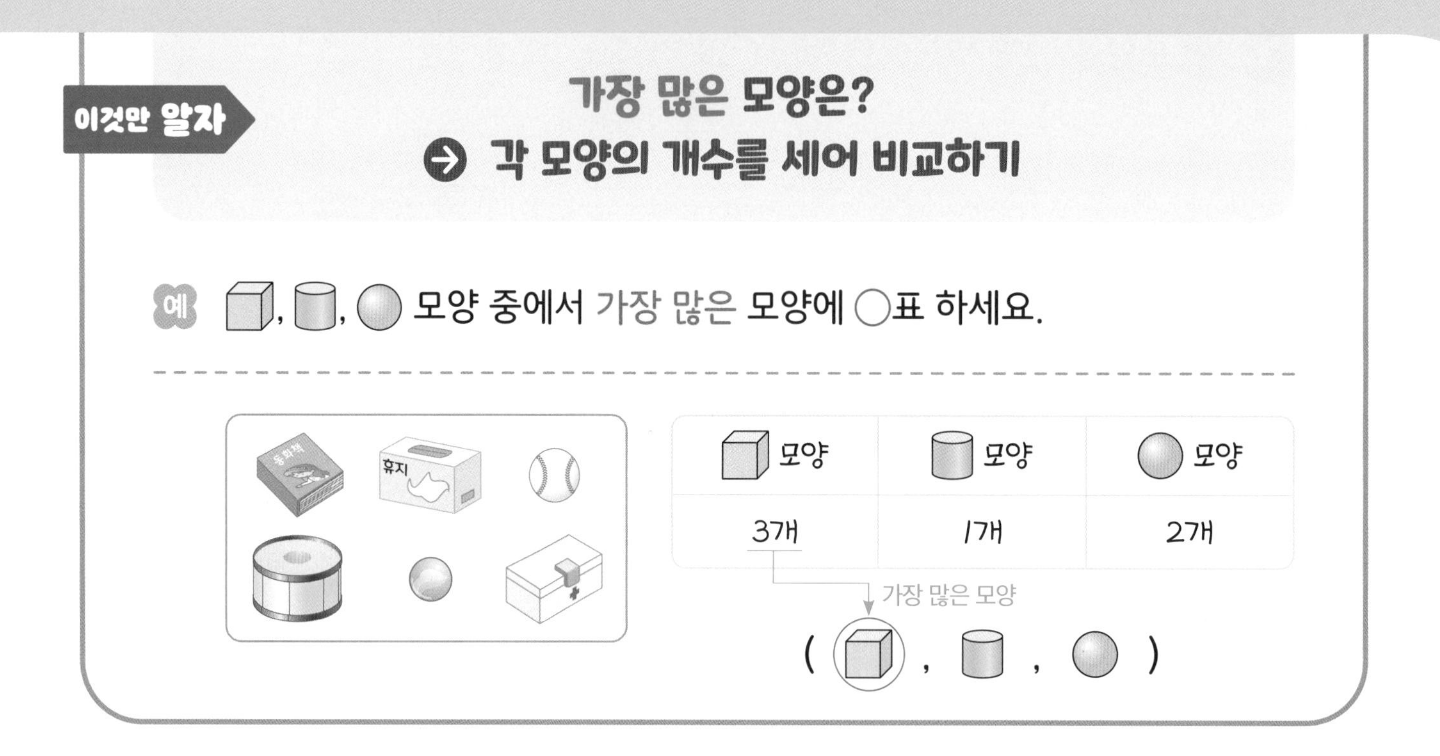

이것만 알자

가장 많은 모양은?
➔ 각 모양의 개수를 세어 비교하기

예 □, □, ○ 모양 중에서 가장 많은 모양에 ○표 하세요.

□ 모양	□ 모양	○ 모양
3개	1개	2개

가장 많은 모양

(□ , □ , ○)

1 □, □, ○ 모양 중에서 가장 많은 모양에 ○표 하세요.

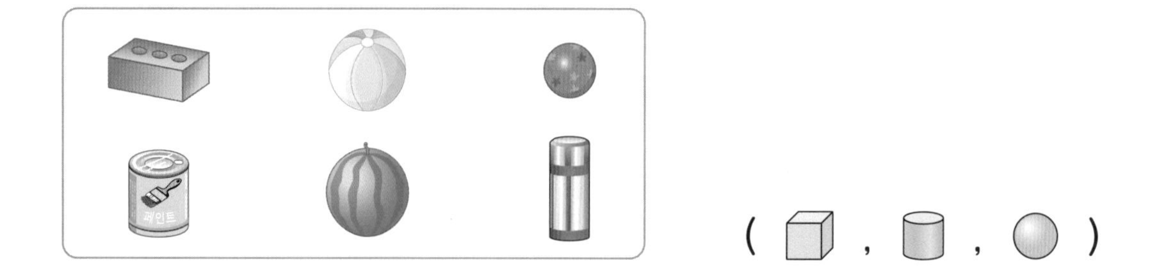

(□ , □ , ○)

2 □, □, ○ 모양 중에서 가장 많은 모양에 ○표 하세요.

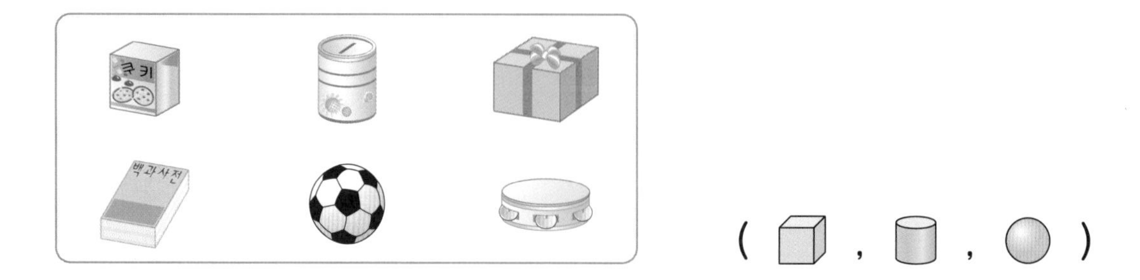

(□ , □ , ○)

왼쪽 ❶, ❷번과 같이 문제의 핵심 부분에 색칠하고,
문제를 풀어 보세요.

정답 7쪽

❸ , , 모양 중에서 가장 많은 모양에 ○표 하세요.

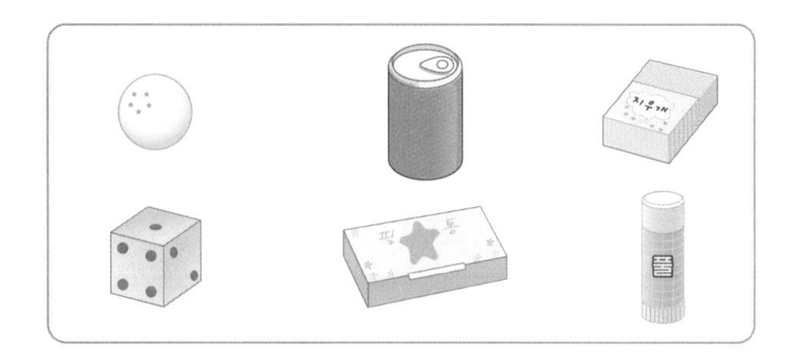

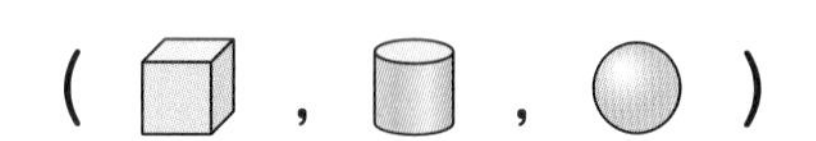

❹ , , 모양 중에서 가장 많은 모양에 ○표 하세요.

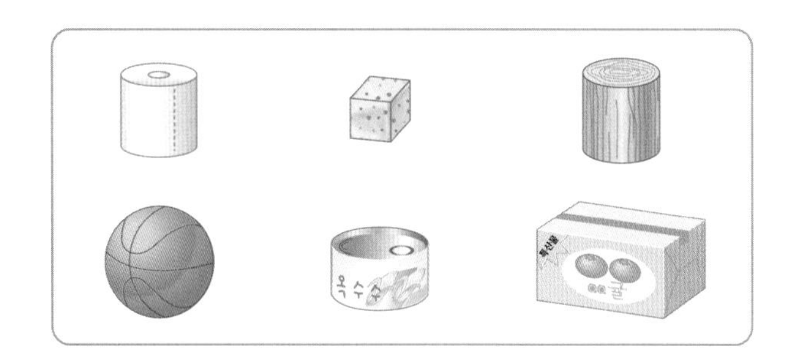

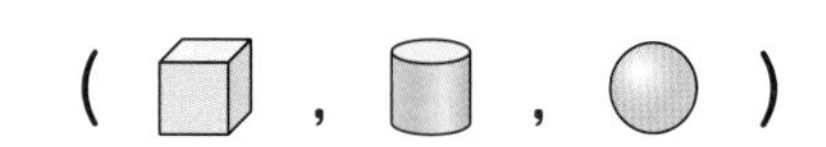

❺ , , 모양 중에서 가장 많은 모양에 ○표 하세요.

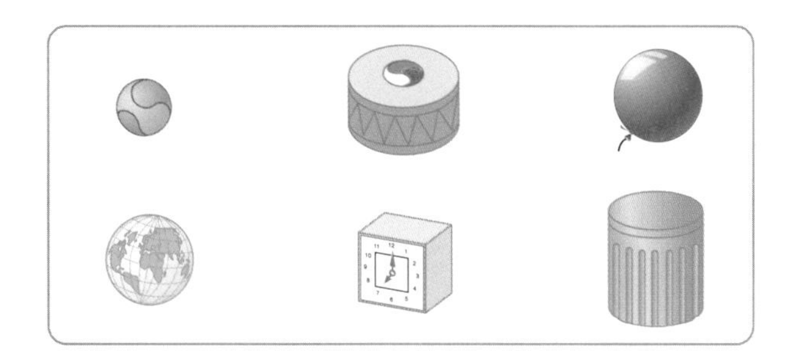

(, ,)

6일 가장 적게 이용한 모양 찾기

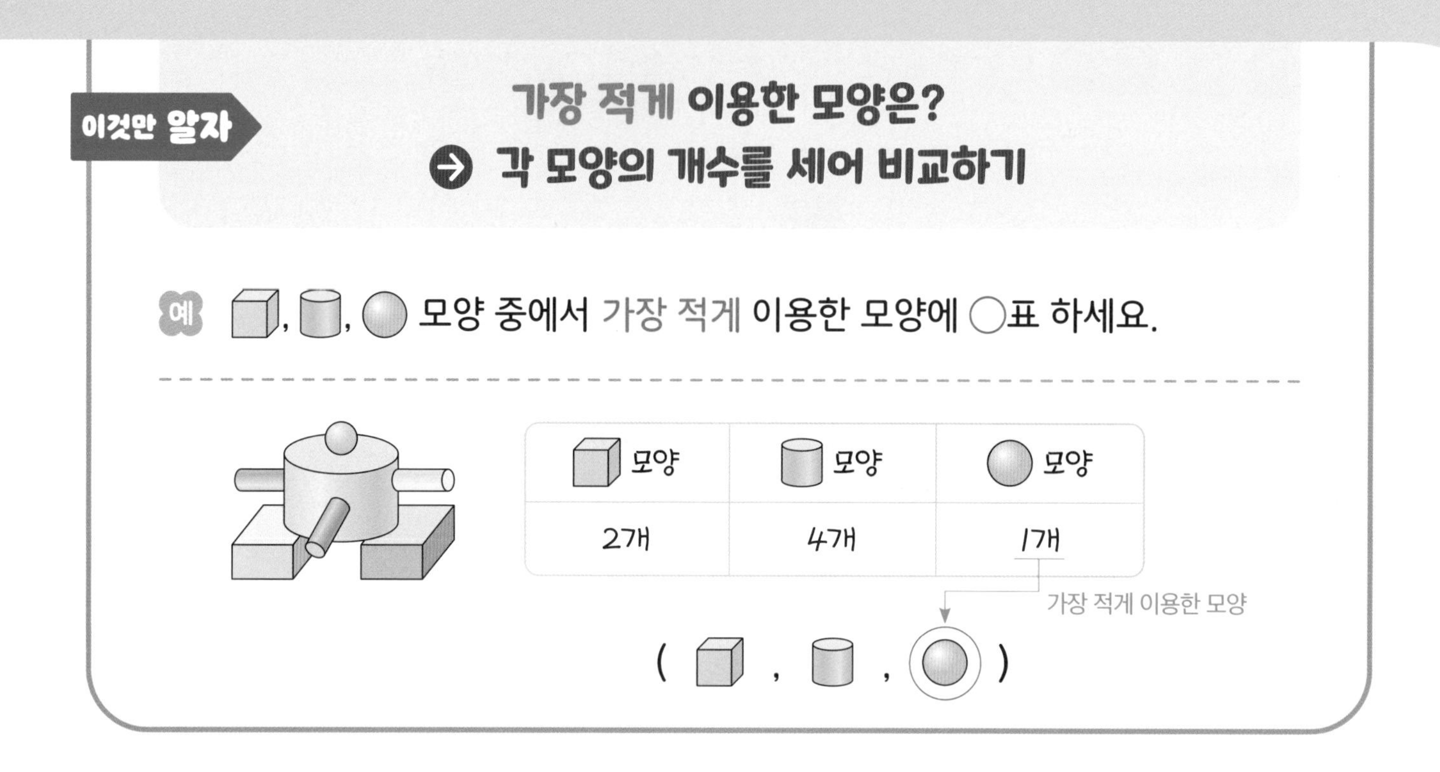

이것만 알자

가장 적게 이용한 모양은?

➔ 각 모양의 개수를 세어 비교하기

예 ▢, ▢, ◯ 모양 중에서 가장 적게 이용한 모양에 ◯표 하세요.

▢ 모양	▢ 모양	◯ 모양
2개	4개	1개

가장 적게 이용한 모양

(▢ , ▢ , ◯)

1 ▢, ▢, ◯ 모양 중에서 가장 적게 이용한 모양에 ◯표 하세요.

2 ▢, ▢, ◯ 모양 중에서 가장 적게 이용한 모양에 ◯표 하세요.

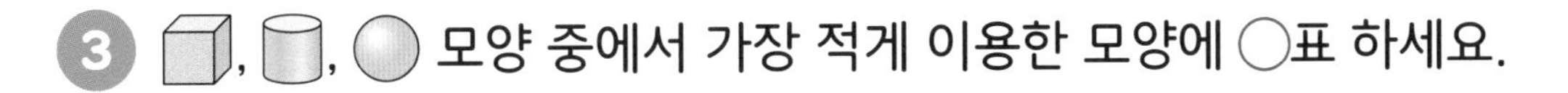

왼쪽 ①, ②번과 같이 문제의 핵심 부분에 색칠하고,
문제를 풀어 보세요.

정답 8쪽

③ 모양 중에서 가장 적게 이용한 모양에 ○표 하세요.

(, ,)

④ 모양 중에서 가장 적게 이용한 모양에 ○표 하세요.

(, ,)

⑤ 모양 중에서 가장 적게 이용한 모양에 ○표 하세요.

(, ,)

7일 마무리하기

30쪽

1 모양을 더 많이 이용한 것에 ○표 하세요.

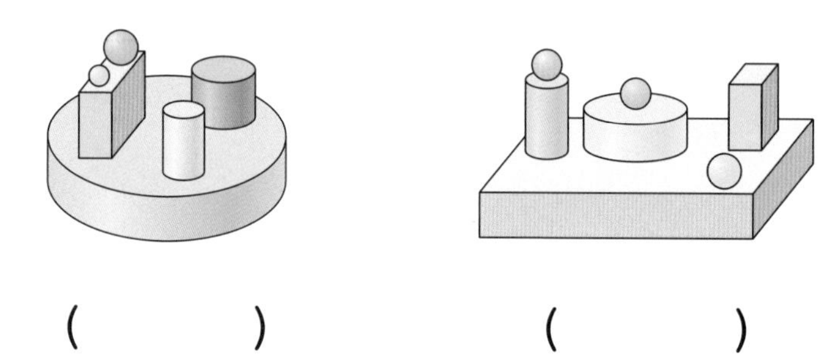

( ) ( )

30쪽

2 모양을 더 많이 이용한 것에 ○표 하세요.

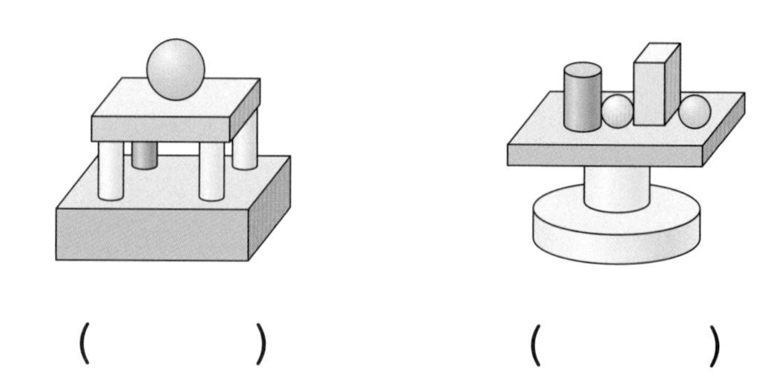

( ) ( )

32쪽

3 모양을 더 적게 이용한 것에 ○표 하세요.

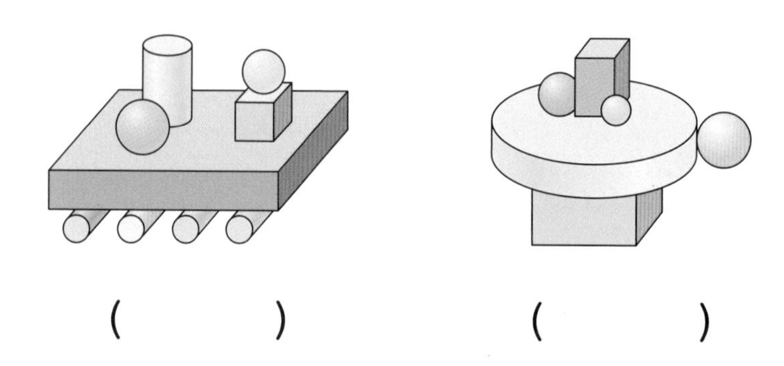

( ) ( )

정답 8쪽

34쪽

4 □, □, ○ 모양 중에서 가장 많은 모양에 ○표 하세요.

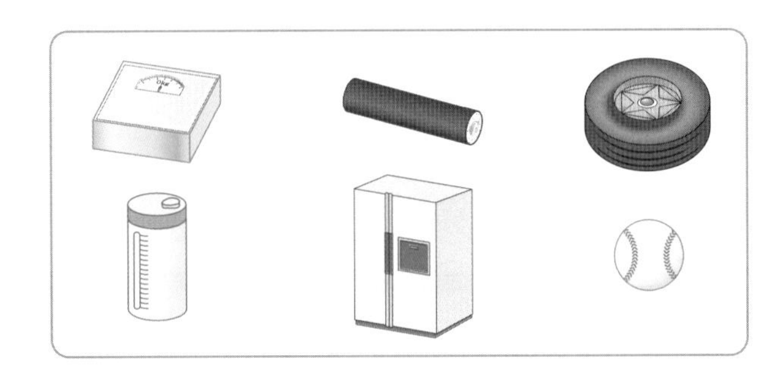

(□ , □ , ○)

5 36쪽 도전 문제

□, □, ○ 모양 중에서 둘째로 적게 이용한 모양에 ○표 하세요.

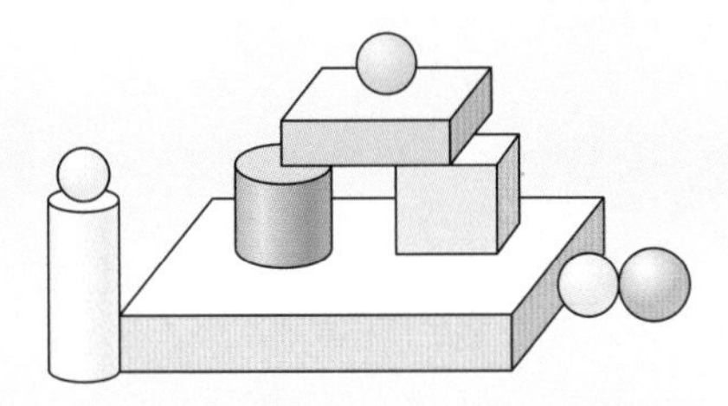

❶ 각 모양의 개수

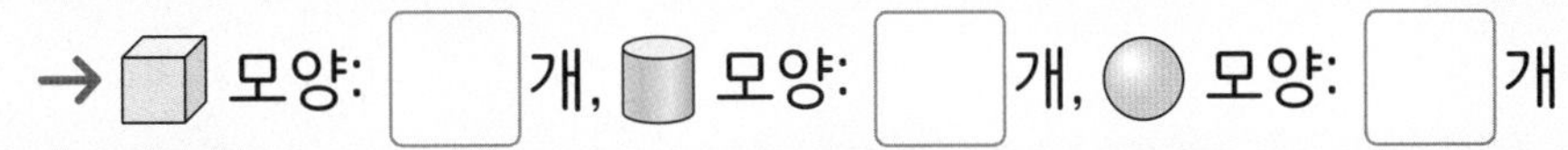

→ □ 모양: □개, □ 모양: □개, ○ 모양: □개

❷ 위 ❶의 수 중 둘째로 작은 수 → ( )

❸ 둘째로 적게 이용한 모양에 ○표 하기 → (□ , □ , ○)

3 덧셈과 뺄셈

준비

계산으로
문장제 준비하기

✦ 남은 수 구하기

✦ 더 적은 수 구하기

8일차

✦ 모두 몇인지 구하기

✦ 더 많은 수 구하기

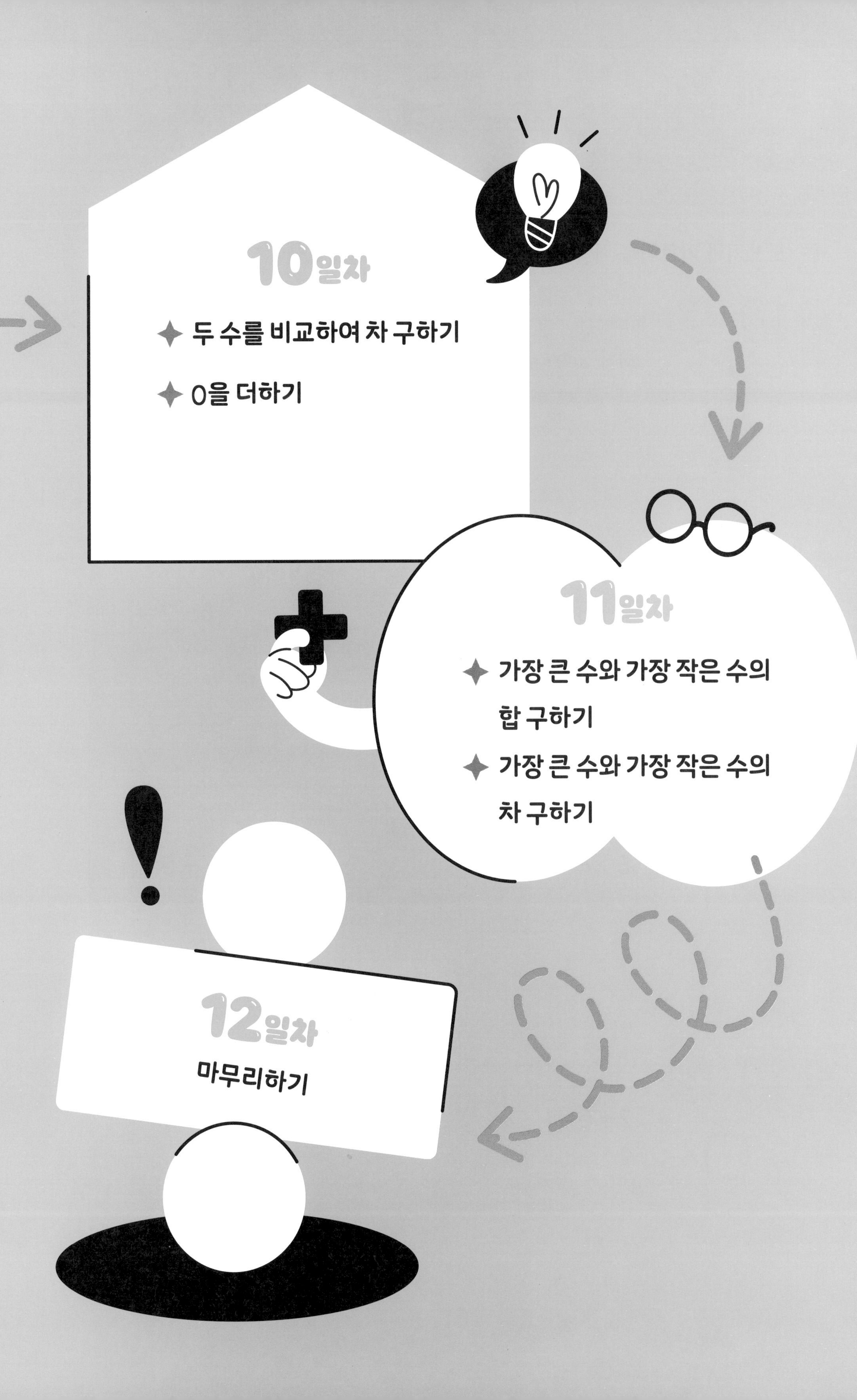
10일차
✦ 두 수를 비교하여 차 구하기
✦ 0을 더하기
11일차
✦ 가장 큰 수와 가장 작은 수의 합 구하기
✦ 가장 큰 수와 가장 작은 수의 차 구하기
12일차
마무리하기

준비 계산으로 문장제 준비하기

◆ **모으기와 가르기를 이용하여 덧셈과 뺄셈을 해 보세요.**

1

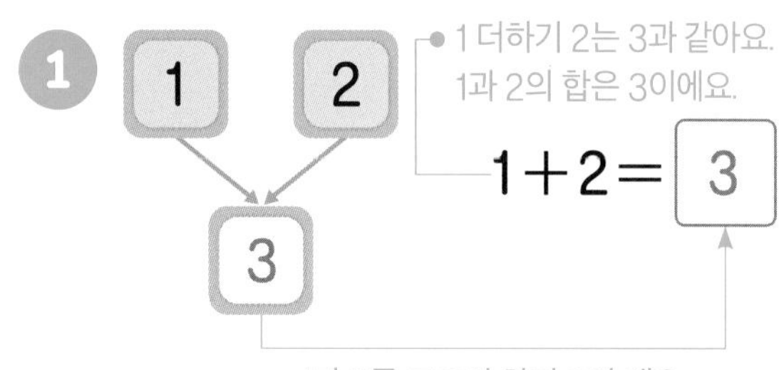

1
2
3
1 더하기 2는 3과 같아요.
1과 2의 합은 3이에요.

$1+2=$ [3]

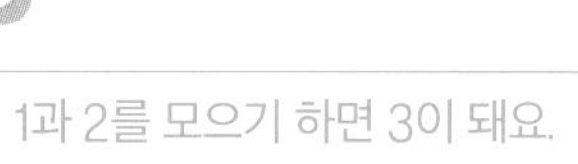

1과 2를 모으기 하면 3이 돼요.

2

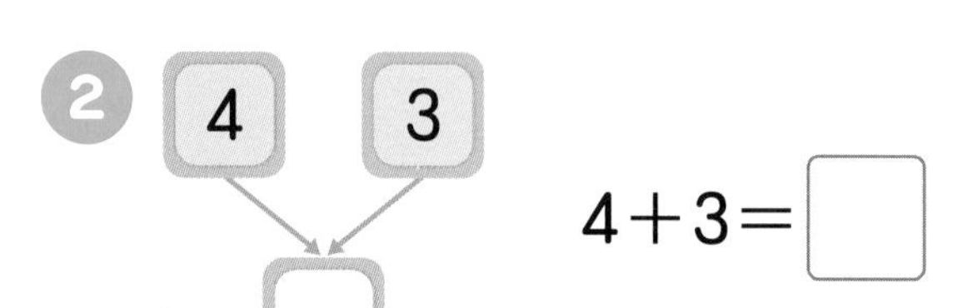

$4+3=$ [ ]

3

5 4 → [ ]

$5+4=$ [ ]

4

2 6 → [ ]

$2+6=$ [ ]

5

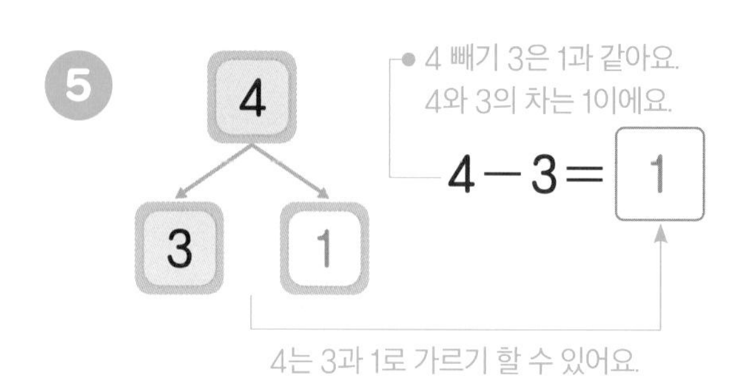

4
3
1
4 빼기 3은 1과 같아요.
4와 3의 차는 1이에요.
4는 3과 1로 가르기 할 수 있어요.

$4-3=$ [1]

6

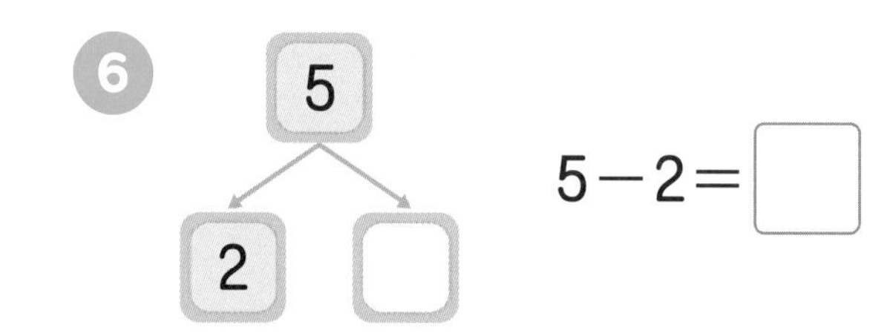

$5-2=$ [ ]

7

7 → 5, [ ]

$7-5=$ [ ]

8

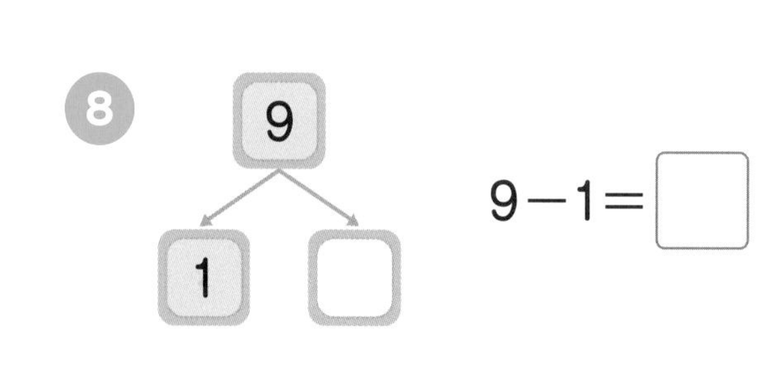

$9-1=$ [ ]

정답 9쪽

✦ 덧셈과 뺄셈을 해 보세요.

9 $1+1=$

14 $4-2=$

10 $2+5=$

15 $8-2=$

11 $4+4=$

16 $7-6=$

12 $7+1=$

17 $6-3=$

13 $3+2=$

18 $9-5=$

8일 모두 몇인지 구하기

이것만 알자 **모두 몇 개 ➜ 두 수를 더하기**

예 사과 2개와 배 3개를 바구니에 담았습니다.
바구니에 담은 사과와 배는 모두 몇 개인가요?

(바구니에 담은 사과와 배의 수)
= (사과의 수) + (배의 수)

식 $2 + 3 = 5$

답 5개

덧셈식에서
더하기는 +로,
같다는 =로 나타내요.

1 귤을 민수는 4개, 현아는 2개 먹었습니다.
민수와 현아가 먹은 귤은 모두 몇 개인가요?

식 $4 + 2 = \square$ 답 □개

민수가 먹은 귤의 수 / 현아가 먹은 귤의 수

2 놀이터에 여자 어린이가 1명, 남자 어린이가 2명 있습니다.
놀이터에 있는 어린이는 모두 몇 명인가요?

식 $\square + \square = \square$ 답 □명

왼쪽 ①, ②번과 같이 문제의 핵심 부분에 색칠하고,
계산해야 하는 두 수에 밑줄을 그어 문제를 풀어 보세요.

정답 9쪽

③ 오늘 가게에서 딸기잼은 5병, 포도잼은 4병 팔았습니다.
오늘 판 잼은 모두 몇 병인가요?

식 ______________________ 답 ____________

④ 공깃돌이 주하의 오른손에는 3개, 왼손에는 5개가
있습니다. 양손에 있는 공깃돌은 모두 몇 개인가요?

식 ______________________ 답 ____________

⑤ 버스 정류장에 초록색 버스가 2대, 파란색 버스가 2대 있습니다.
버스 정류장에 있는 버스는 모두 몇 대인가요?

식 ______________________ 답 ____________

8일 더 많은 수 구하기

이것만 알자 **3개보다 6개 더 많이 → 3+6**

예 동물원에 하마가 3마리 있고, 미어캣은 하마보다 6마리 더 많이 있습니다. 동물원에 있는 미어캣은 몇 마리인가요?

(동물원에 있는 미어캣의 수)
= (하마의 수) + 6

식 $3+6=9$ 답 9마리

1 책을 민석이는 4권 읽었고, 형은 민석이보다 1권 더 많이 읽었습니다. 형이 읽은 책은 몇 권인가요?

식 $4+1=\square$ 답 $\square$권

민석이가 읽은 책의 수

2 요구르트는 1병 있고, 주스는 요구르트보다 3병 더 많이 있습니다. 주스는 몇 병인가요?

식 $\square+\square=\square$ 답 $\square$병

왼쪽 ①, ②번과 같이 문제의 핵심 부분에 색칠하고,
계산해야 하는 두 수에 밑줄을 그어 문제를 풀어 보세요.

정답 10쪽

③ 색종이를 지후는 6장 가지고 있고, 소희는 지후보다 2장 더 많이 가지고 있습니다. 소희가 가지고 있는 색종이는 몇 장인가요?

식 ______________________ 답 __________

④ 소미는 금붕어를 4마리 키우고 있고,
윤호는 소미보다 금붕어를 3마리 더 많이 키우고 있습니다.
윤호가 키우고 있는 금붕어는 몇 마리인가요?

식 ______________________ 답 __________

⑤ 민지는 어머니와 함께 머핀을 구웠습니다. 머핀을 민지는 7개 구웠고, 어머니는 민지보다 2개 더 많이 구웠습니다. 어머니가 구운 머핀은 몇 개인가요?

식 ______________________ 답 __________

9일 남은 수 구하기

이것만 알자

~하고 남은 것은 몇 개
→ (처음에 있던 수) − (없어진 수)

예 나뭇가지에 새가 9마리 앉아 있었습니다. 그중에서 3마리가 날아갔습니다. 나뭇가지에 남은 새는 몇 마리인가요?

(나뭇가지에 남은 새의 수)
= (처음에 있던 새의 수) − (날아간 새의 수)

식 $9-3=6$

답 6마리

뺄셈식에서
빼기는 −로,
같다는 =로 나타내요.

1 영진이는 풍선을 3개 들고 있었습니다. 그중에서 1개가 날아갔습니다. 영진이에게 남은 풍선은 몇 개인가요?

식 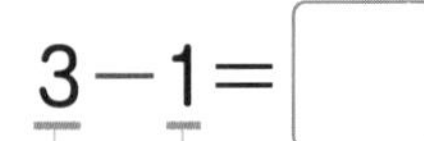 3 − 1 = □

처음에 있던 풍선의 수 / 날아간 풍선의 수

답 □개

2 주차장에 자동차가 5대 있었습니다. 그중에서 4대가 주차장에서 나갔습니다. 주차장에 남은 자동차는 몇 대인가요?

식 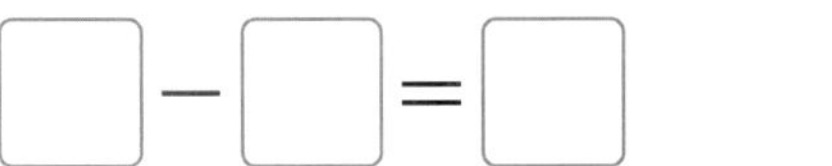 □ − □ = □

답 □대

왼쪽 ①, ②번과 같이 문제의 핵심 부분에 색칠하고,
계산해야 하는 두 수에 밑줄을 그어 문제를 풀어 보세요.

정답 10쪽

③ 연못 안에 개구리가 8마리 있었습니다. 그중에서 4마리가 연못 밖으로 나갔습니다. 연못 안에 남은 개구리는 몇 마리인가요?

식 ______________________ 답 ______________

④ 버스에 9명이 타고 있었습니다.
그중에서 7명이 내렸습니다.
버스에 남은 사람은 몇 명인가요?

식 ______________________ 답 ______________

⑤ 지은이는 위인전을 6권 가지고 있었습니다. 그중에서 3권을 친구에게 주었습니다. 지은이에게 남은 위인전은 몇 권인가요?

식 ______________________ 답 ______________

9일

더 적은 수 구하기

이것만 알자

5개보다 1개 더 적게 → 5−1

예 머리핀을 연희는 5개 가지고 있고, 나리는 연희보다 1개 더 적게 가지고 있습니다. 나리가 가지고 있는 머리핀은 몇 개인가요?

(나리의 머리핀 수)
=(연희의 머리핀 수)−1

식 5−1=4 답 4개

1 운동화를 선재는 4켤레 가지고 있고, 동생은 선재보다 2켤레 더 적게 가지고 있습니다. 동생이 가지고 있는 운동화는 몇 켤레인가요?

식 4−2=☐ 답 ☐켤레

선재의 운동화 수

2 꽃병에 튤립이 8송이 꽂혀 있고, 장미는 튤립보다 5송이 더 적게 꽂혀 있습니다. 꽃병에 꽂혀 있는 장미는 몇 송이인가요?

식 ☐−☐=☐ 답 ☐송이

왼쪽 ①, ②번과 같이 문제의 핵심 부분에 색칠하고,
계산해야 하는 두 수에 밑줄을 그어 문제를 풀어 보세요.

정답 11쪽

③ 문제집을 주아는 5쪽 풀었고, 도영이는 주아보다 2쪽 더 적게 풀었습니다.
도영이가 푼 문제집은 몇 쪽인가요?

식 ______________________ 답 ______________

④ 교실에 책상이 6개 있고, 의자는 책상보다 1개 더 적게 있습니다.
의자는 몇 개인가요?

식 ______________________ 답 ______________

⑤ 펭귄이 4마리 있고, 물개는 펭귄보다 3마리 더 적게 있습니다.
물개는 몇 마리 있나요?

식 ______________________

답 ______________

나는 펭귄!

나는 물개!

공부한 날짜 월 일

10일 두 수를 비교하여 차 구하기

이것만 알자

7개는 5개보다 몇 개 더 많은가?

→ 7－5

예 접시에 과자가 7개, 초콜릿이 5개 있습니다.
과자는 초콜릿보다 몇 개 더 많은가요?

(과자의 수) － (초콜릿의 수)

식 7 － 5 ＝ 2 답 2개

1 탬버린이 2개, 트라이앵글이 1개 있습니다.
탬버린은 트라이앵글보다 몇 개 더 많은가요?

식 2－1＝☐ 답 ☐개

탬버린의 수 · 트라이앵글의 수

2 안경을 쓴 어린이는 7명, 안경을 쓰지 않은 어린이는 3명 있습니다.
안경을 쓰지 않은 어린이는 안경을 쓴 어린이보다 몇 명 더 적은가요?

식 ☐－☐＝☐ 답 ☐명

왼쪽 ①, ②번과 같이 문제의 핵심 부분에 색칠하고,
계산해야 하는 두 수에 밑줄을 그어 문제를 풀어 보세요.

정답 11쪽

③ 자전거를 타고 아버지는 공원을 6바퀴 돌았고, 지호는 2바퀴 돌았습니다.
아버지는 지호보다 몇 바퀴 더 많이 돌았나요?

식 ______________________ 답 ______________

④ 진우네 가족은 텃밭에서 당근을 5개, 무를 4개 뽑았습니다.
무는 당근보다 몇 개 더 적게 뽑았나요?

식 ______________________ 답 ______________

⑤ 민희의 나이는 8살, 동생의 나이는 1살입니다.
민희는 동생보다 몇 살 더 많은가요?

식 ______________________

답 ______________

10일 0을 더하기

이것만 알자

없다 → 0

예 바구니에 빨간 사과는 4개 있고, 초록 사과는 없습니다.
바구니에 있는 사과는 모두 몇 개인가요?

(바구니에 있는 사과의 수)
= (빨간 사과의 수) + (초록 사과의 수)

식 $4+0=4$

답 4개

(어떤 수)+0=(어떤 수)
0+(어떤 수)=(어떤 수)

1 상자에 흰색 바둑돌은 없고, 검은색 바둑돌은 3개 있습니다.
상자에 있는 바둑돌은 모두 몇 개인가요?

식 $0+3=\square$ 답 $\square$개

흰색 바둑돌의 수 검은색 바둑돌의 수

2 식탁에는 딸기주스가 7병 있고, 냉장고에는 딸기주스가 없습니다.
식탁과 냉장고에 있는 딸기주스는 모두 몇 병인가요?

식 $\square+\square=\square$ 답 $\square$병

왼쪽 1, 2번과 같이 문제의 핵심 부분에 색칠하고, 문제를 풀어 보세요.

정답 12쪽

3 체육관에 남자 어린이는 5명 있고, 여자 어린이는 없습니다. 체육관에 있는 어린이는 모두 몇 명인가요?

식

답

4 동물원에 뿔이 없는 사슴은 없고, 뿔이 있는 사슴은 2마리 있습니다. 동물원에 있는 사슴은 모두 몇 마리인가요?

식

답

5 필통에는 색연필이 6자루 있고, 연필꽂이에는 색연필이 없습니다. 필통과 연필꽂이에 있는 색연필은 모두 몇 자루인가요?

식

답

11일 가장 큰 수와 가장 작은 수의 합 구하기

이것만 알자

가장 큰 수와 가장 작은 수의 합
➔ (가장 큰 수)+(가장 작은 수)

예 3장의 수 카드 중에서 가장 큰 수와 가장 작은 수의 합을 구해 보세요.

2 6 5

가장 큰 수: 6
가장 작은 수: 2

식 $6+2=8$

답 8

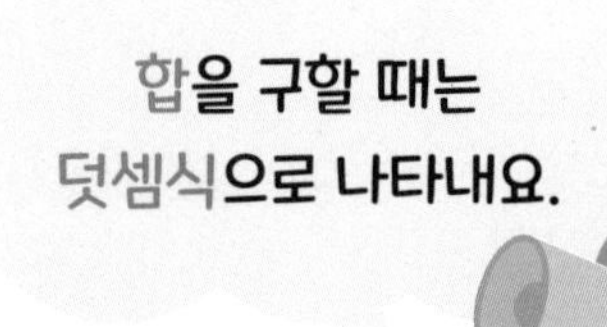

1 3장의 수 카드 중에서 가장 큰 수와 가장 작은 수의 합을 구해 보세요.

1 3 2

식 $3+1=\square$

가장 큰 수 / 가장 작은 수

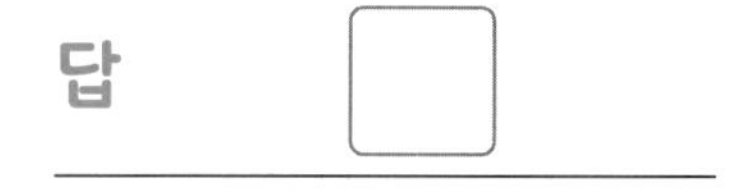

답 $\square$

2 3장의 수 카드 중에서 가장 큰 수와 가장 작은 수의 합을 구해 보세요.

5 4 2

식 $\square+\square=\square$

답 $\square$

왼쪽 ①, ②번과 같이 문제의 핵심 부분에 색칠하고,
문제를 풀어 보세요.

정답 12쪽

③ 3장의 수 카드 중에서 가장 큰 수와 가장 작은 수의 합을 구해 보세요.

4 3 2

식 ______________________ 답 __________

④ 3장의 수 카드 중에서 가장 큰 수와 가장 작은 수의 합을 구해 보세요.

5 1 6

식 ______________________ 답 __________

⑤ 3장의 수 카드 중에서 가장 큰 수와 가장 작은 수의 합을 구해 보세요.

7 2 4

식 ______________________ 답 __________

11일

가장 큰 수와 가장 작은 수의 차 구하기

이것만 알자

가장 큰 수와 가장 작은 수의 차

➔ (가장 큰 수)−(가장 작은 수)

예 3장의 수 카드 중에서 가장 큰 수와 가장 작은 수의 차를 구해 보세요.

가장 큰 수: 7

가장 작은 수: 3

식 $7-3=4$

답 4

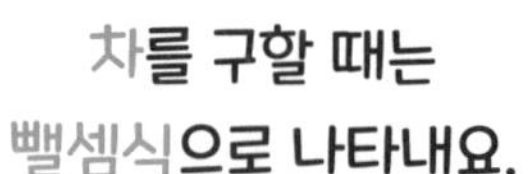

1 3장의 수 카드 중에서 가장 큰 수와 가장 작은 수의 차를 구해 보세요.

식 $5-2=\square$ (가장 큰 수, 가장 작은 수)

답 $\square$

2 3장의 수 카드 중에서 가장 큰 수와 가장 작은 수의 차를 구해 보세요.

식 $\square-\square=\square$

답 $\square$

왼쪽 ①, ②번과 같이 문제의 핵심 부분에 색칠하고, 문제를 풀어 보세요.

정답 13쪽

③ 3장의 수 카드 중에서 가장 큰 수와 가장 작은 수의 차를 구해 보세요.

3 4 2

식 ______________________ 답 __________

④ 3장의 수 카드 중에서 가장 큰 수와 가장 작은 수의 차를 구해 보세요.

식 ______________________ 답 __________

⑤ 3장의 수 카드 중에서 가장 큰 수와 가장 작은 수의 차를 구해 보세요.

식 ______________________ 답 __________

공부한 날짜 월 일

12일 마무리하기

44쪽

1 음악 시간에 작은북을 4번, 큰북을 3번 쳤습니다.
음악 시간에 북을 친 횟수는 모두 몇 번인가요?

( )

46쪽

2 공원에 까치는 3마리 있고, 비둘기는 까치보다 5마리 더 많이 있습니다.
비둘기는 몇 마리인가요?

( )

48쪽

3 연필꽂이에 연필이 5자루 있었습니다. 그중에서 1자루를 꺼냈습니다.
연필꽂이에 남은 연필은 몇 자루인가요?

( )

50쪽

4 소율이는 송편을 8개 먹었고, 꿀떡은 송편보다 4개 더 적게 먹었습니다.
소율이가 먹은 꿀떡은 몇 개인가요?

( )

정답 13쪽

52쪽

5 주스는 9컵, 우유는 6컵 있습니다. 주스는 우유보다 몇 컵 더 많은가요?

( )

54쪽

6 봉지에는 사탕이 없고, 통에는 사탕이 6개 있습니다.
봉지와 통에 있는 사탕은 모두 몇 개인가요?

( )

58쪽

7 3장의 수 카드 중에서 가장 큰 수와 가장 작은 수의 차를 구해 보세요.

7 5 6

( )

8 56쪽 **도전 문제**

4장의 수 카드 중에서 가장 큰 수와 가장 작은 수의 합을 구해 보세요.

5 0
8 6

❶ 가장 큰 수 → ( )

❷ 가장 작은 수 → ( )

❸ 가장 큰 수와 가장 작은 수의 합
→ ( )

4 비교하기

준비

기본 문제로
문장제 준비하기

13일차

- 더 긴(짧은) 것 찾기
- 더 무거운(가벼운) 것 찾기

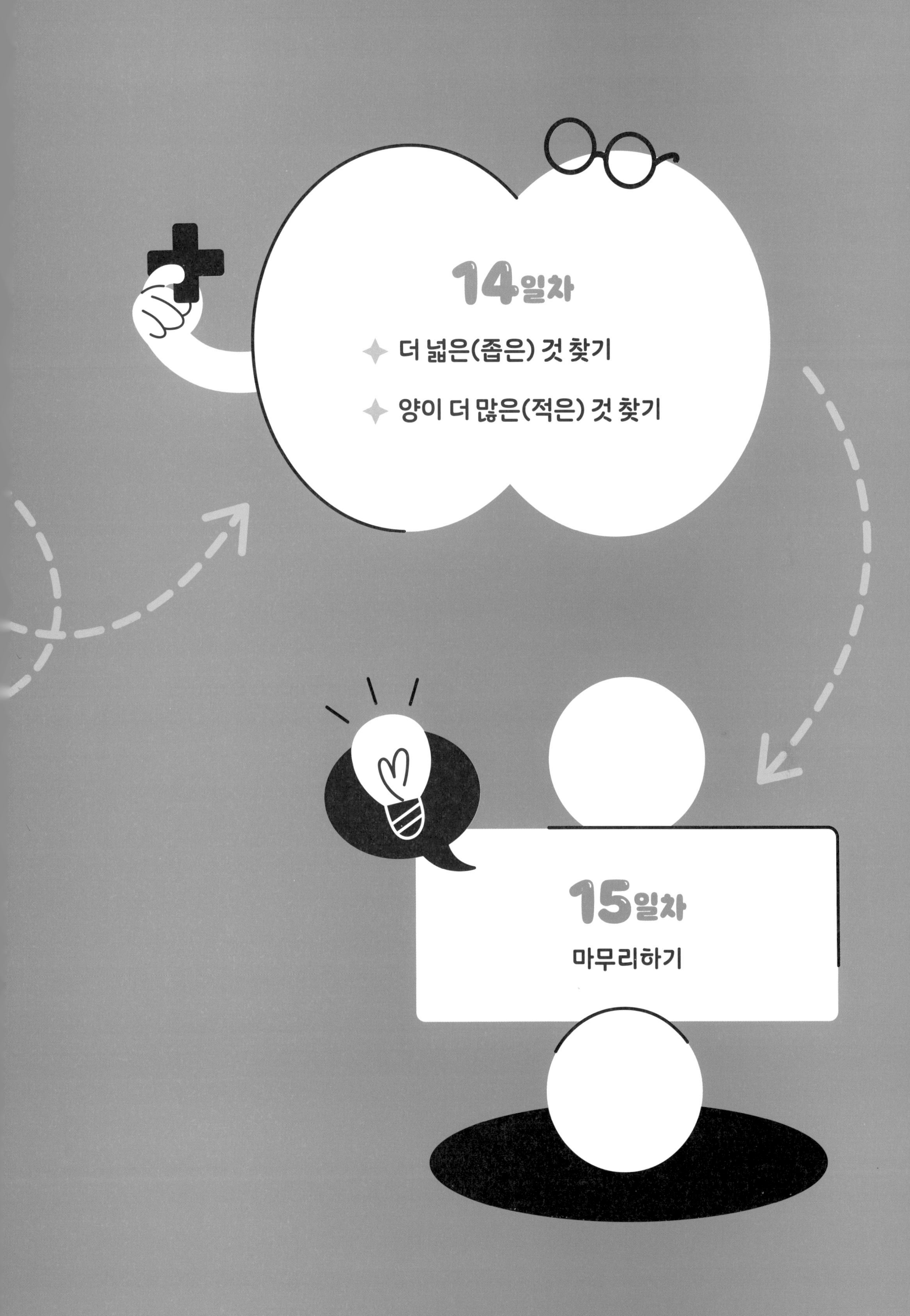
14일차
더 넓은(좁은) 것 찾기
양이 더 많은(적은) 것 찾기
15일차
마무리하기

준비 기본 문제로 문장제 준비하기

1 더 긴 것에 ○표 하세요.

( )
( )

2 더 짧은 것에 ○표 하세요.

( )
( )

3 더 무거운 것에 ○표 하세요.

( ) ( )

4 더 가벼운 것에 ○표 하세요.

( ) ( )

정답 14쪽

5 더 넓은 것에 ◯표 하세요.

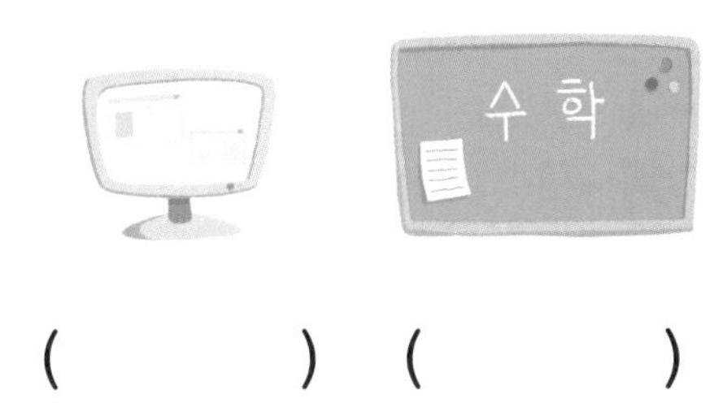

( ) ( )

6 더 좁은 것에 ◯표 하세요.

( ) ( )

7 담을 수 있는 양이 더 많은 것에 ◯표 하세요.

( ) ( )

8 담을 수 있는 양이 더 적은 것에 ◯표 하세요.

( ) ( )

공부한 날짜 월 일

13일 더 긴(짧은) 것 찾기

이것만 알자

더 긴(짧은) 것은?
➔ 물건의 한쪽 끝을 맞추어 길이 비교하기

예 연필보다 더 긴 것에 ○표 하세요.

연필
(○)
( )
( )

왼쪽 끝을 맞추었을 때 오른쪽이 더 나온 것이 더 길므로
연필보다 더 긴 것은 붓입니다.

1 국자보다 더 긴 것에 ○표 하세요.

( )
( )

2 리코더보다 더 짧은 것에 ○표 하세요.

리코더
( )
( )
( )

왼쪽 ①, ②번과 같이 문제의 핵심 부분에 색칠하고, 문제를 풀어 보세요.

정답 14쪽

③ 칫솔보다 더 긴 것에 ○표 하세요.

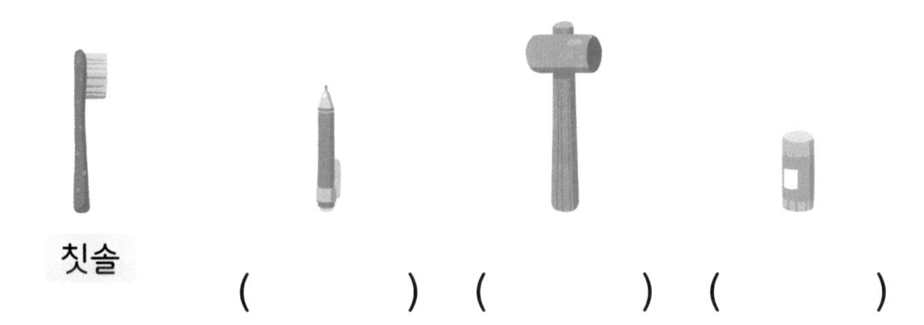

( ) ( ) ( )

④ 가장 긴 것에 ○표 하세요.

( ) ( ) ( ) ( )

⑤ 가장 짧은 것에 ○표 하세요.

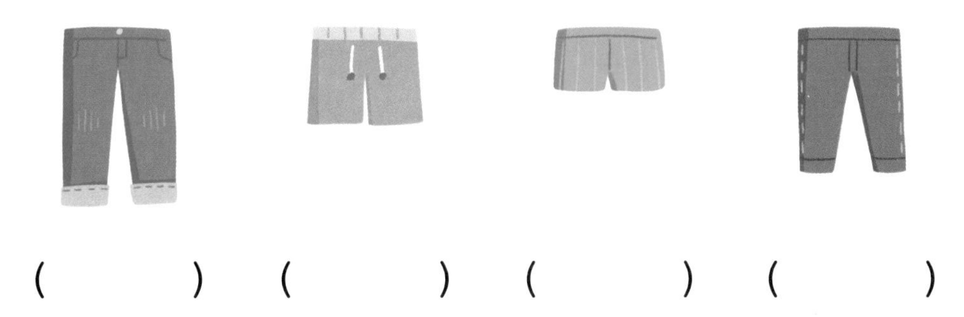

( ) ( ) ( ) ( )

13일 더 무거운(가벼운) 것 찾기

이것만 알자

더 무거운 것은?
➔ 양팔 저울에서 아래로 내려가는 것 찾기

예 양파와 무를 양팔 저울에 올려놓았습니다. 더 무거운 것은 무엇인가요?

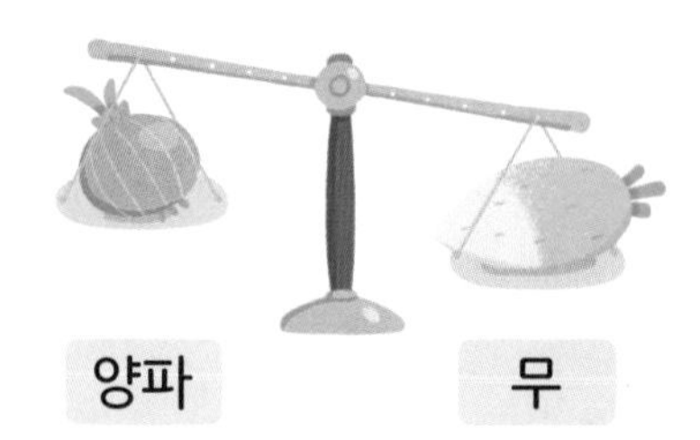

양팔 저울에서 아래로 내려가는 것이 더 무거우므로 더 무거운 것은 무입니다.

답 무

1 야구공과 탁구공을 양팔 저울에 올려놓았습니다. 더 무거운 것은 무엇인가요?

(　　　　　　　　　　)

2 딸기와 사과를 양팔 저울에 올려놓았습니다. 더 가벼운 것은 무엇인가요?

(　　　　　　　　　　)

왼쪽 ①, ②번과 같이 문제의 핵심 부분에 색칠하고, 문제를 풀어 보세요.

정답 15쪽

③ 하영이와 연수가 시소를 타고 있습니다. 더 무거운 사람은 누구인가요?

( )

④ 연필, 지우개, 필통을 양팔 저울에 올려놓았습니다.
가장 무거운 것은 무엇인가요?

( )

⑤ 진수, 주호, 채민이가 시소를 타고 있습니다. 가장 가벼운 사람은 누구인가요?

( )

공부한 날짜 월 일

14일 더 넓은(좁은) 것 찾기

이것만 알자

더 넓은 것은?

➔ 겹쳤을 때 남는 부분이 있는 것 찾기

예 방석보다 더 넓은 것에 ○표 하세요.

방석

(○) ( ) ( )

겹쳤을 때 남는 부분이 있는 것이 더 넓으므로
방석보다 더 넓은 것은 이불입니다.

1 공책보다 더 넓은 것에 ○표 하세요.

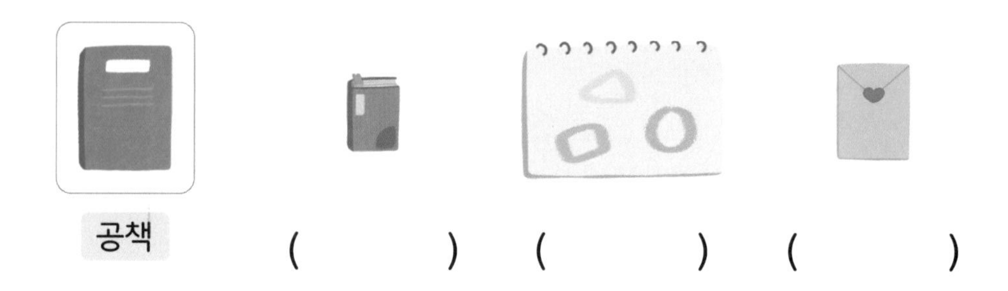

( ) ( ) ( )

2 와플보다 더 좁은 것에 ○표 하세요.

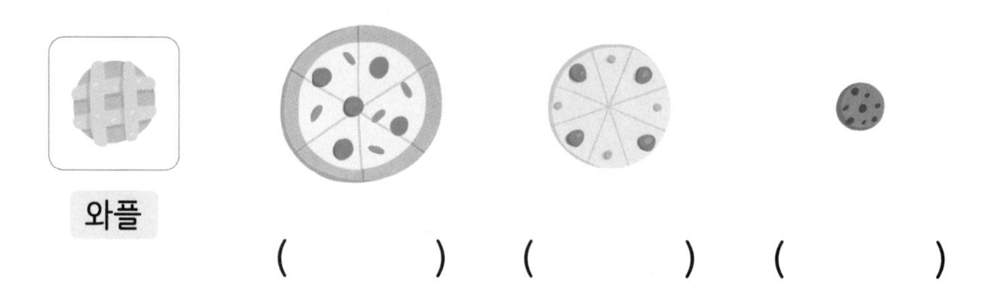

( ) ( ) ( )

왼쪽 ①, ②번과 같이 문제의 핵심 부분에 색칠하고,
문제를 풀어 보세요.

정답 15쪽

3 노란색 천과 파란색 천을 겹쳤더니 오른쪽과 같았습니다.
더 넓은 것의 색깔을 써 보세요.

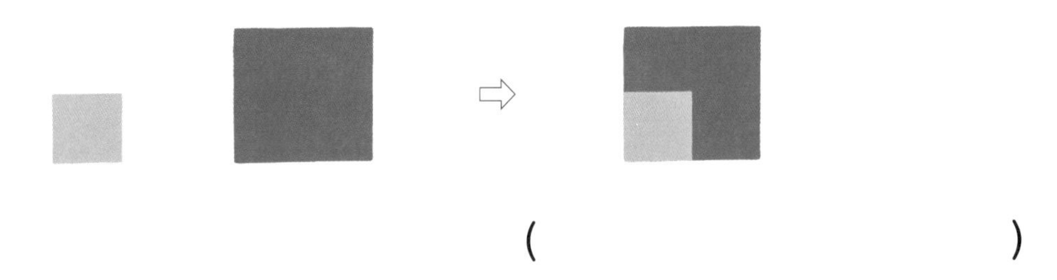

(　　　　　　　　　　)

4 우리나라 동전의 넓이를 비교하려고 합니다.
가장 넓은 것을 찾아 기호를 써 보세요.

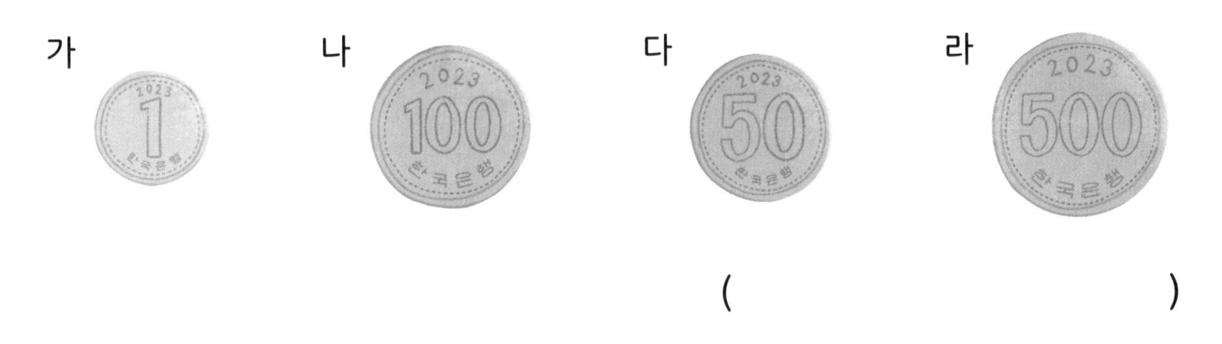

(　　　　　　　　　　)

5 축구장, 학교 운동장, 화장실, 교실의 넓이를 비교하려고 합니다.
가장 좁은 것을 찾아 기호를 써 보세요.

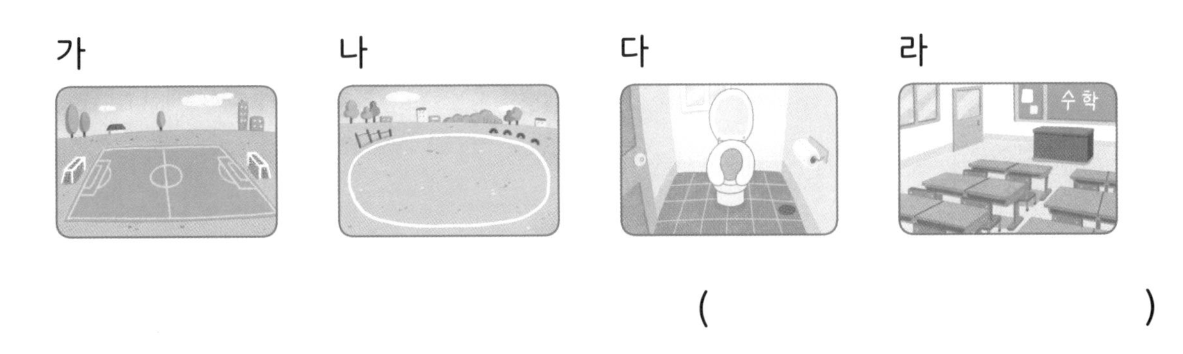

(　　　　　　　　　　)

14일 양이 더 많은(적은) 것 찾기

이것만 알자

양이 더 많은(적은) 것은?

➔ 담을 수 있는(담긴) 양 비교하기

예 바가지보다 담을 수 있는 양이 더 많은 것에 ◯표 하세요.

바가지

( ) (○) ( )

그릇의 크기가 더 큰 것이 담을 수 있는 양이 더 많으므로
바가지보다 담을 수 있는 양이 더 많은 것은 양동이입니다.

1 대야보다 담을 수 있는 양이 더 많은 것에 ◯표 하세요.

( ) ( ) ( )

2 물병보다 담을 수 있는 양이 더 적은 것에 ◯표 하세요.

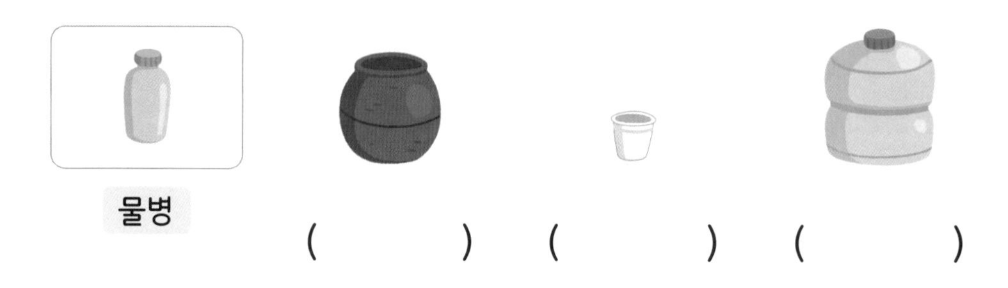

( ) ( ) ( )

**왼쪽 ①, ②번과 같이 문제의 핵심 부분에 색칠하고,
문제를 풀어 보세요.**

정답 16쪽

③ 담을 수 있는 양이 가장 많은 것에 ◯표,
담을 수 있는 양이 가장 적은 것에 △표 하세요.

( ) ( ) ( )

④ 물이 가장 많이 담긴 것을 찾아 기호를 써 보세요.

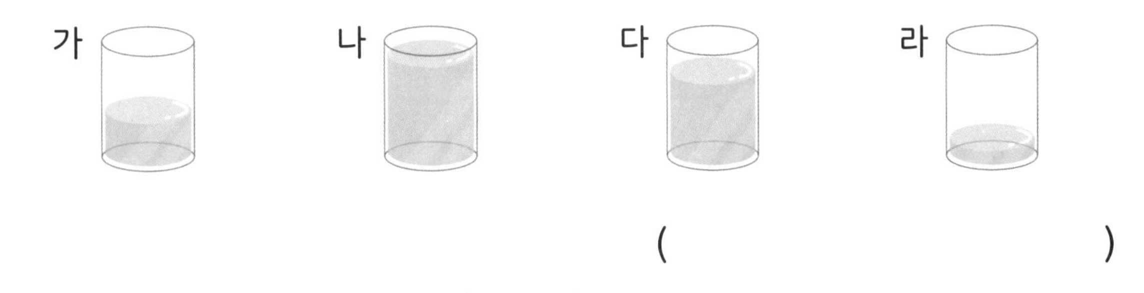

( )

⑤ 물이 가장 적게 담긴 것을 찾아 기호를 써 보세요.

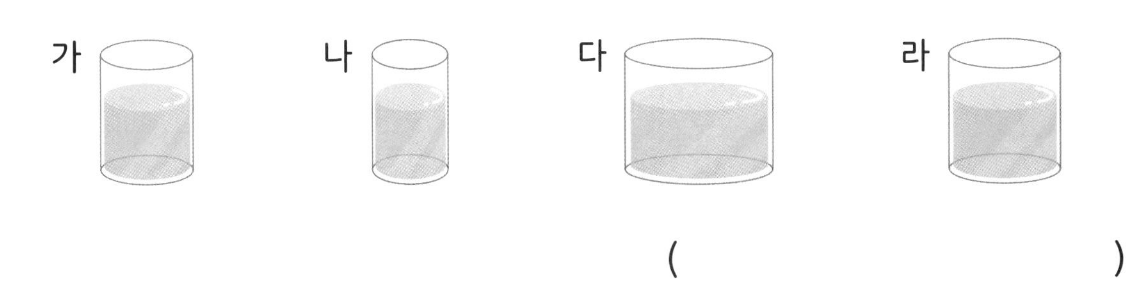

( )

15일 마무리하기

66쪽

1 소시지보다 더 긴 것에 ○표 하세요.

소시지

( )

( )

( )

72쪽

2 간장병보다 담을 수 있는 양이 더 많은 것에 ○표 하세요.

( ) ( ) ( )

70쪽

3 액자의 넓이를 비교하려고 합니다. 가장 넓은 것을 찾아 기호를 써 보세요.

( )

정답 16쪽

68쪽

4 감, 사과, 배를 양팔 저울에 올려놓았습니다. 가장 무거운 것은 무엇인가요?

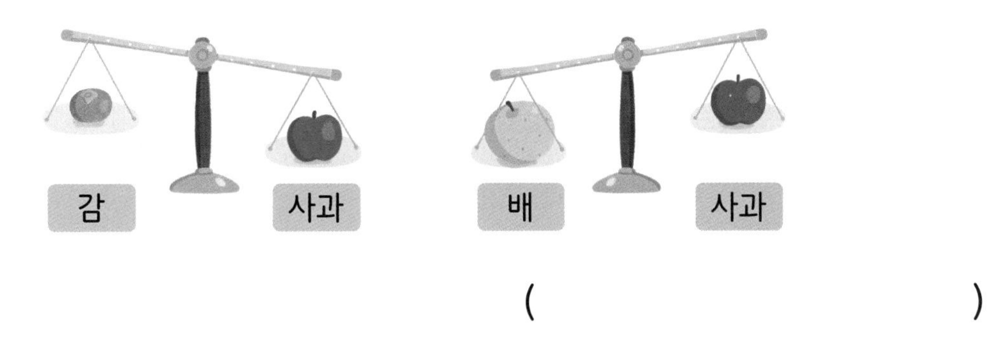

( )

5 72쪽 **도전 문제**

주스가 적게 담긴 것부터 순서대로 기호를 써 보세요.

가 나 다

❶ 주스가 가장 적게 담긴 것 → ( )

❷ 주스가 가장 많이 담긴 것 → ( )

❸ 주스가 적게 담긴 것부터 순서대로 기호 쓰기

→ ( )

5 50까지의 수

준비

기본 문제로
문장제 준비하기

16일차

- 십몇으로 나타내기
- 모으기 하여 구하기

17일차

- 가르기 하여 구하기
- 몇십몇으로 나타내기

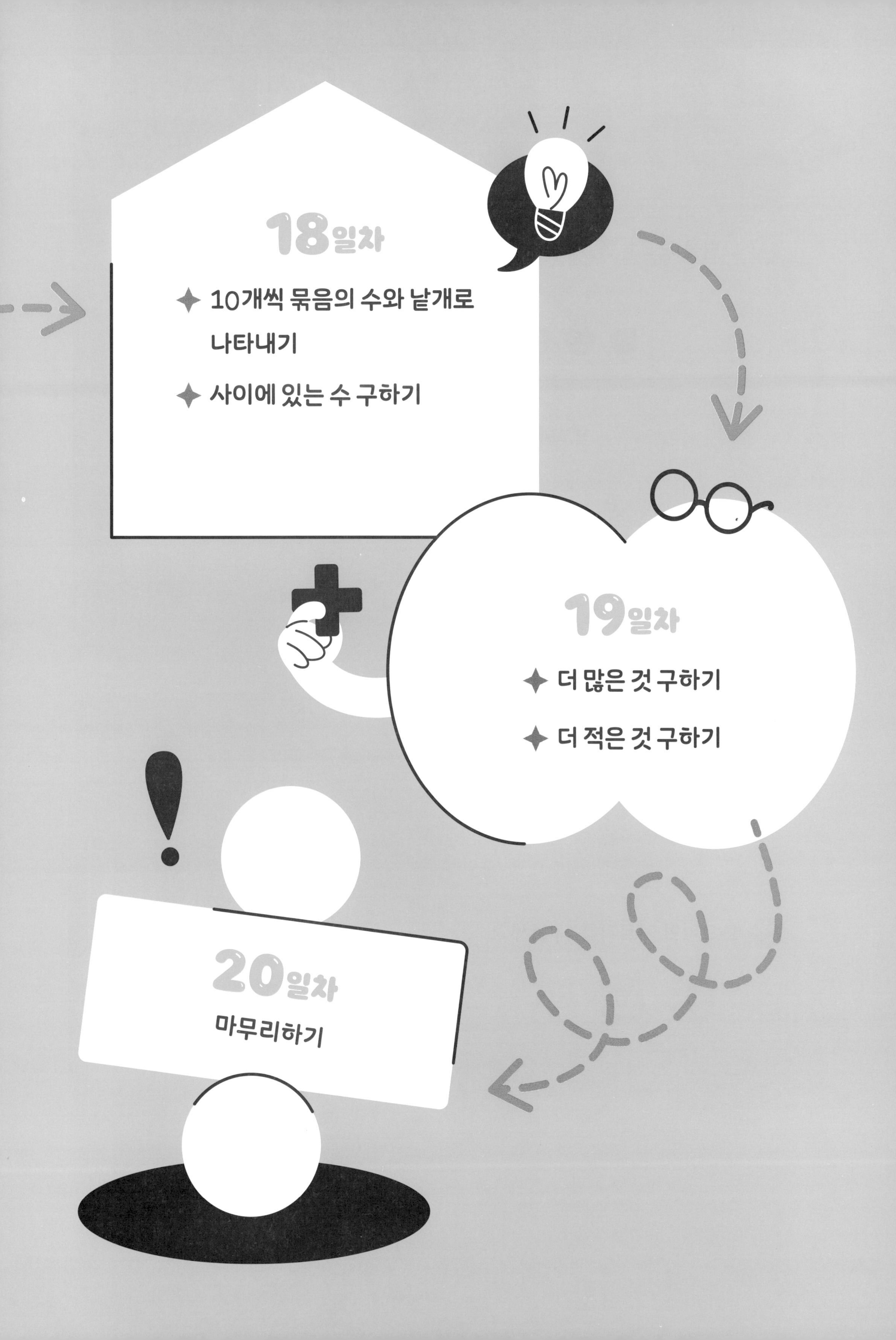
18일차
10개씩 묶음의 수와 낱개로 나타내기
사이에 있는 수 구하기
19일차
더 많은 것 구하기
더 적은 것 구하기
20일차
마무리하기

준비 기본 문제로 문장제 준비하기

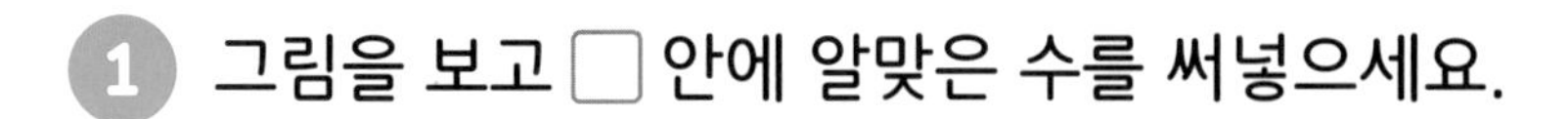

1 그림을 보고 □ 안에 알맞은 수를 써넣으세요.

9보다 1만큼 더 큰 수는 □입니다.

2 □ 안에 알맞은 수를 써넣으세요.

10개씩 묶음	낱개
1	3

⇨ □

3 모으기와 가르기를 해 보세요.

(1)

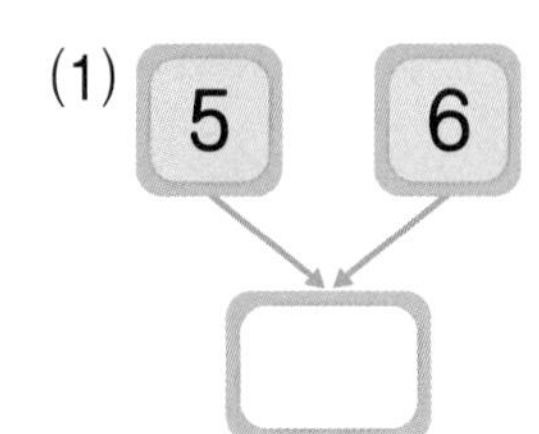

(2)

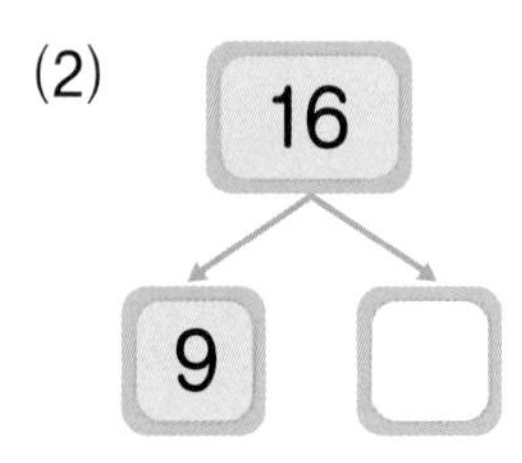

정답 17쪽

4 수로 나타내어 보세요.

(1)

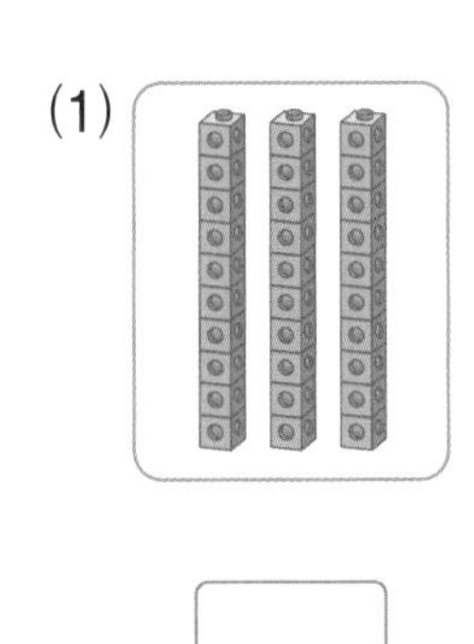

(2)

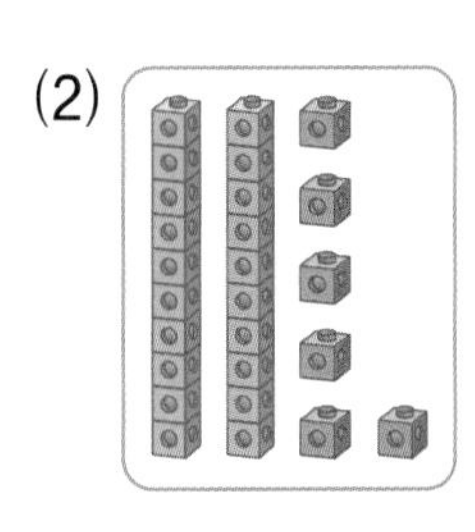

5 순서를 생각하며 빈칸에 알맞은 수를 써넣으세요.

6 더 큰 수에 ○표 하세요.

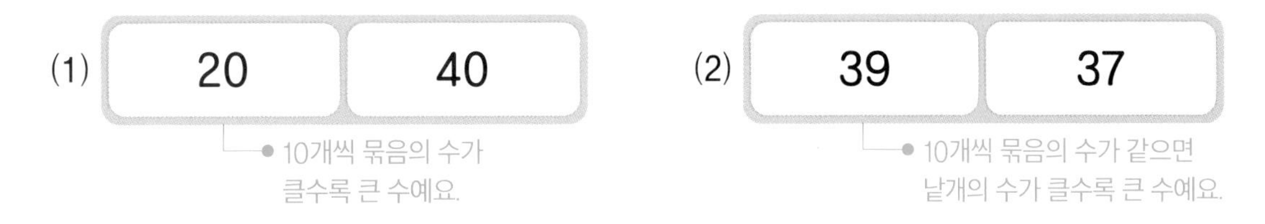

(1)
20
40
10개씩 묶음의 수가 클수록 큰 수예요.
(2)
39
37
10개씩 묶음의 수가 같으면 낱개의 수가 클수록 큰 수예요.

16일 십몇으로 나타내기

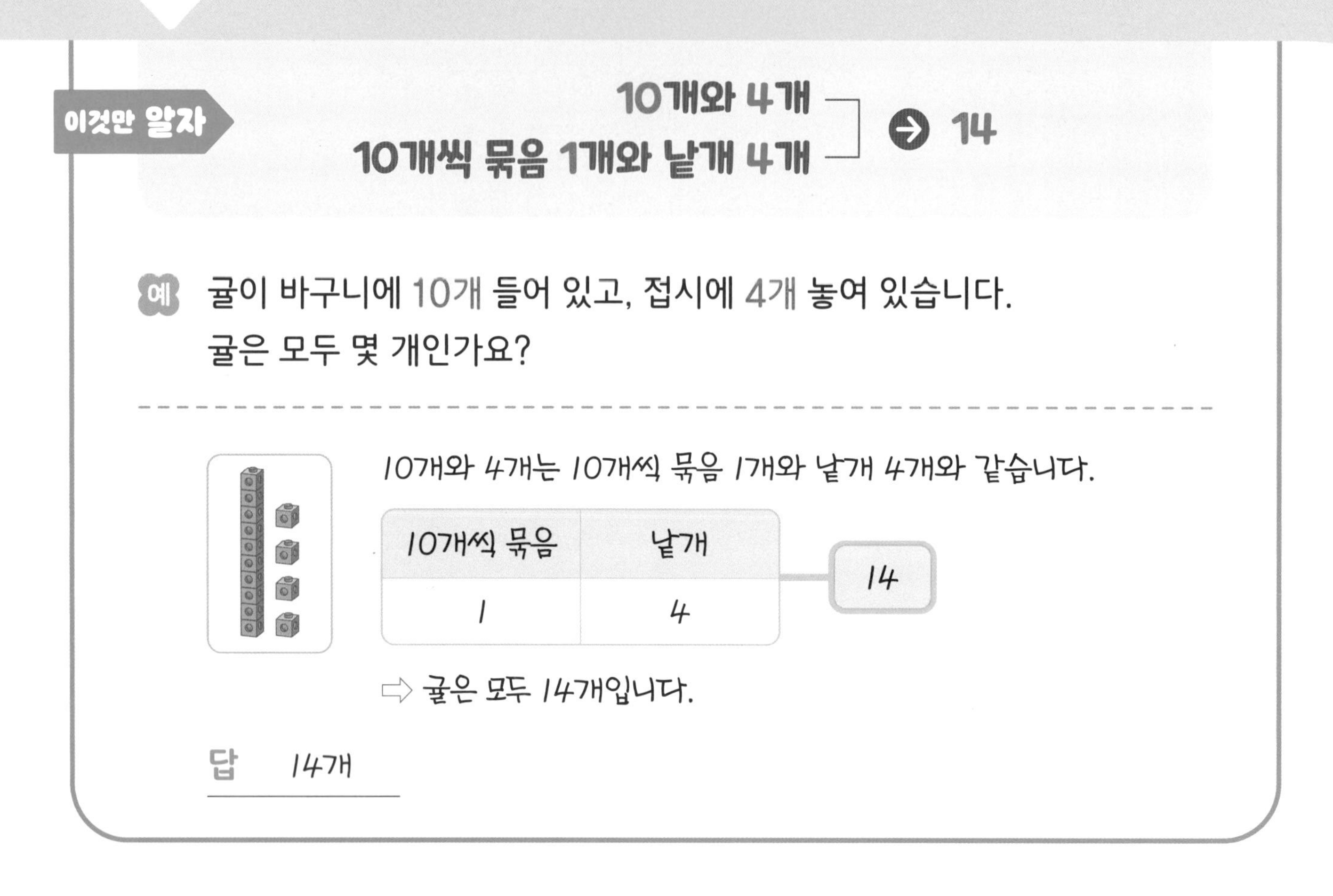

이것만 알자

10개와 4개
10개씩 묶음 1개와 낱개 4개 → 14

예 귤이 바구니에 10개 들어 있고, 접시에 4개 놓여 있습니다.
귤은 모두 몇 개인가요?

10개와 4개는 10개씩 묶음 1개와 낱개 4개와 같습니다.

10개씩 묶음	낱개
1	4

→ 14

⇨ 귤은 모두 14개입니다.

답 14개

1 젤리가 봉지에 10개 들어 있고, 식탁에 2개 놓여 있습니다.
젤리는 모두 몇 개인가요?

(개)

2 지우개가 10개씩 묶음 1개와 낱개 7개가 있습니다.
지우개는 모두 몇 개인가요?

(개)

왼쪽 ①, ②번과 같이 문제의 핵심 부분에 색칠하고,
문제를 풀어 보세요.

정답 17쪽

3 꽃이 꽃병에 10송이 꽂혀 있고, 탁자에 3송이 놓여 있습니다.
꽃은 모두 몇 송이인가요?

( )

4 치즈가 10개씩 묶음 1개와 낱개 9개가 있습니다.
치즈는 모두 몇 개인가요?

( )

5 닭이 닭장 안에 10마리 있고, 닭장 밖에 5마리 있습니다.
닭은 모두 몇 마리인가요?

( )

16일 모으기 하여 구하기

이것만 알자 (두 묶음을) 모으면, 모아 ➔ 모으기 하기

예 상자에 검은색 바둑돌 7개와 흰색 바둑돌 4개가 들어 있습니다.
검은색 바둑돌과 흰색 바둑돌을 모으면 몇 개인가요?

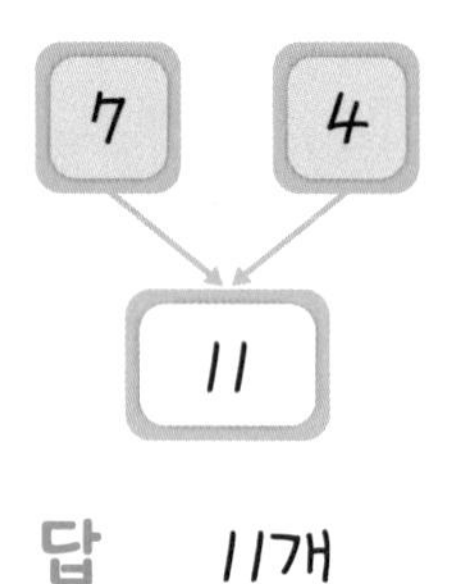

7과 4를 모으면 11입니다.

⇨ 검은색 바둑돌과 흰색 바둑돌을 모으면 11개입니다.

답 11개

1 필통에 연필 5자루와 색연필 9자루가 들어 있습니다.
연필과 색연필을 모으면 몇 자루인가요?

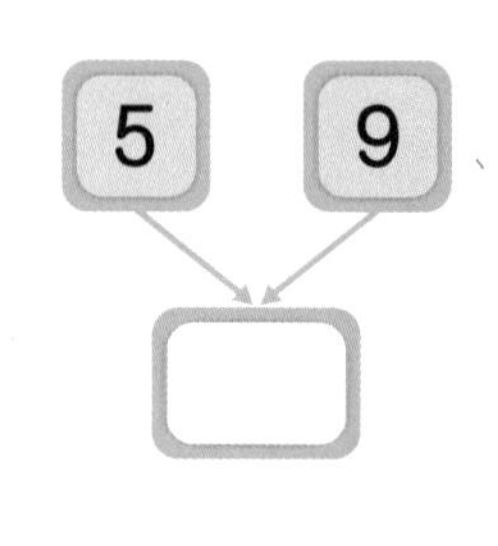

(자루)

2 자전거 6대와 오토바이 7대가 있습니다.
자전거와 오토바이를 모으면 몇 대인가요?

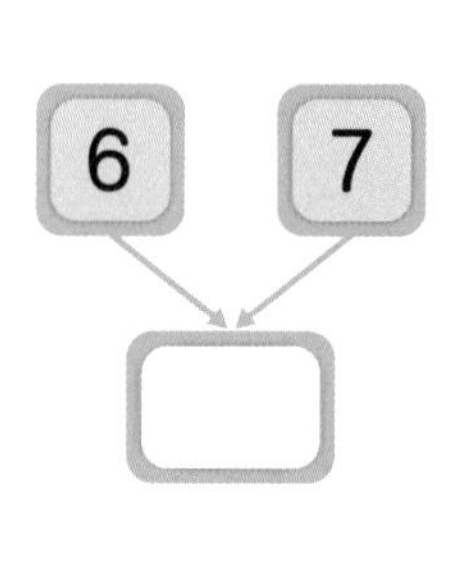

(대)

왼쪽 ❶, ❷번과 같이 문제의 핵심 부분에 색칠하고, 모으기 하는 두 수에 밑줄을 그어 문제를 풀어 보세요.

정답 18쪽

❸ 빨간색 공깃돌 3개와 파란색 공깃돌 8개가 있습니다. 빨간색 공깃돌과 파란색 공깃돌을 모으면 몇 개인가요?

❹ 만화책을 소미는 7권, 주희는 5권 가지고 있습니다. 소미와 주희가 가지고 있는 만화책을 모으면 몇 권인가요?

❺ 금붕어 8마리와 열대어 9마리를 모아 어항에 넣었습니다. 어항에 넣은 물고기는 몇 마리인가요?

공부한 날짜 월 일

17일 가르기 하여 구하기

이것만 알자

(두 묶음으로) 나누어, (~를 제외한) 나머지
→ 가르기 하기

예 배 14개를 두 상자에 나누어 담으려고 합니다.
배를 한 상자에 6개 담으면 다른 상자에는 몇 개를 담아야 하나요?

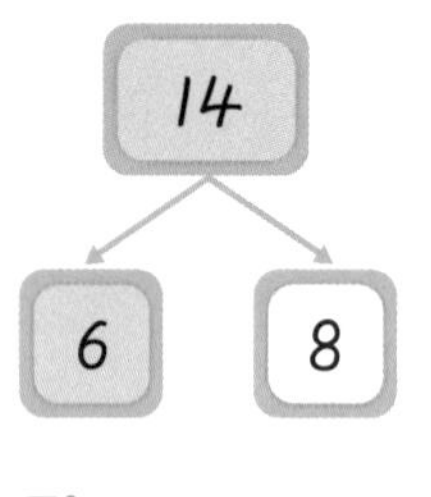

14는 6과 8로 가르기 할 수 있습니다.
⇨ 다른 상자에는 8개를 담아야 합니다.

답 8개

1 사탕 12개를 두 바구니에 나누어 담으려고 합니다.
사탕을 한 바구니에 9개 담으면 다른 바구니에는 몇 개를
담아야 하나요?

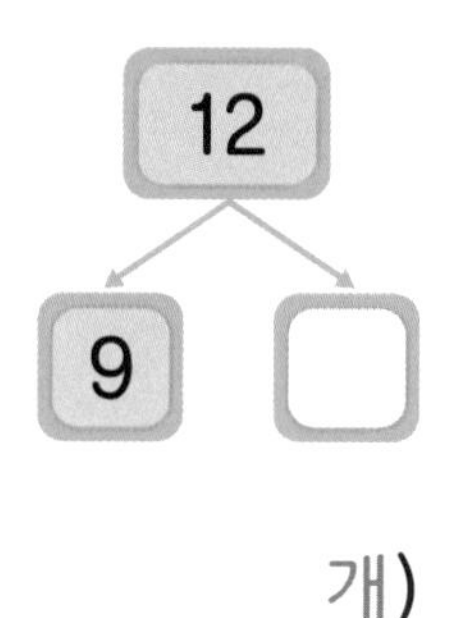

(개)

2 색종이 11장을 지호와 민규가 나누어 가지려고 합니다.
색종이를 지호가 5장 가지면 민규는 몇 장을 가져야 하나요?

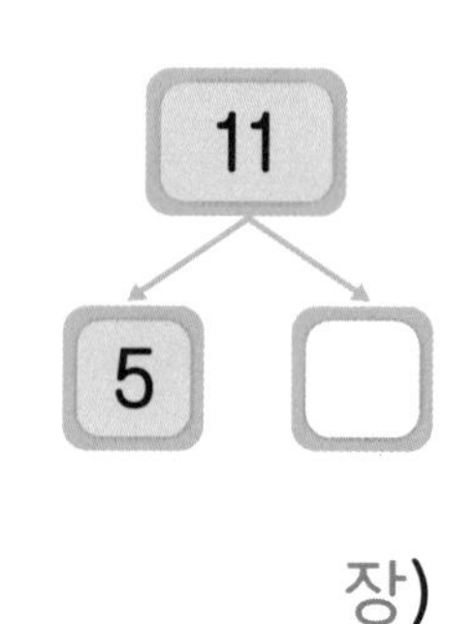

(장)

왼쪽 ①, ②번과 같이 문제의 핵심 부분에 색칠하고,
처음 수와 가른 수에 밑줄을 그어 문제를 풀어 보세요.

정답 18쪽

③ 주스 13병을 두 상자에 나누어 담으려고 합니다.
주스를 한 상자에 9병 담으면 다른 상자에는 몇 병을 담아야 하나요?

(　　　　　　　　)

④ 쿠키 16개 중에서 8개는 초콜릿 쿠키이고 나머지는 버터 쿠키입니다.
버터 쿠키는 몇 개인가요?

(　　　　　　　　)

⑤ 어린이 15명 중에서 6명은 놀이 기구를 탔고 나머지는 놀이 기구를 타지 않았습니다. 놀이 기구를 타지 않은 어린이는 몇 명인가요?

(　　　　　　　　)

17일 몇십몇으로 나타내기

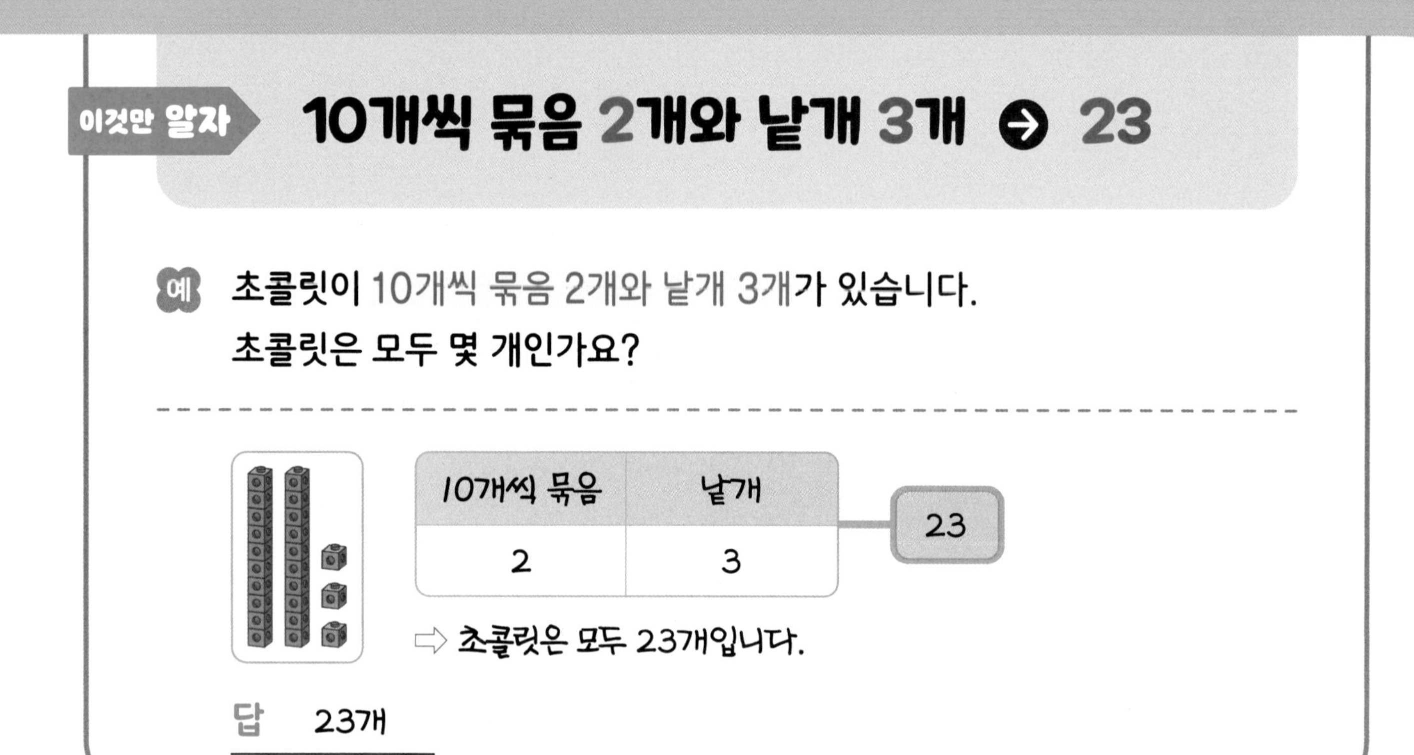

이것만 알자 10개씩 묶음 2개와 낱개 3개 → 23

예 초콜릿이 10개씩 묶음 2개와 낱개 3개가 있습니다.
초콜릿은 모두 몇 개인가요?

10개씩 묶음	낱개
2	3

23

⇨ 초콜릿은 모두 23개입니다.

답 23개

1 지우개가 10개씩 묶음 2개와 낱개 9개가 있습니다.
지우개는 모두 몇 개인가요?

(개)

2 요구르트가 10개씩 묶음 4개와 낱개 7개가 있습니다.
요구르트는 모두 몇 개인가요?

(개)

왼쪽 ①, ②번과 같이 문제의 핵심 부분에 색칠하고,
문제를 풀어 보세요.

정답 19쪽

③ 공원에 나무가 10그루씩 묶음 4개와 낱개 2그루가 있습니다.
나무는 모두 몇 그루인가요?

( )

④ 책이 10권씩 묶음 3개와 낱개 1권이 있습니다.
책은 모두 몇 권인가요?

( )

⑤ 떡이 10개씩 묶음 2개와 낱개 8개가 있습니다.
떡은 모두 몇 개인가요?

( )

공부한 날짜 월 일

18일 10개씩 묶음의 수와 낱개로 나타내기

이것만 알자 **46 → 10개씩 묶음 4개와 낱개 6개**

예 종이컵 46개를 한 상자에 10개씩 담으려고 합니다.
종이컵을 몇 상자에 담을 수 있고, 몇 개가 남을까요?

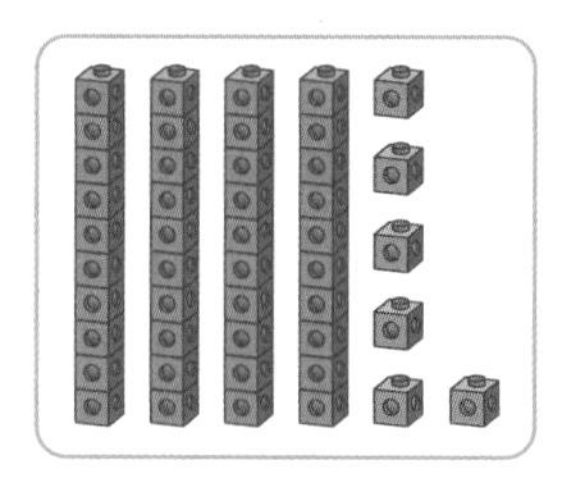

46

10개씩 묶음	낱개
4	6

⇨ 종이컵을 4상자에 담을 수 있고, 6개가 남습니다.

답 4상자, 6개

1 키위 31개를 한 봉지에 10개씩 담으려고 합니다.
키위를 몇 봉지에 담을 수 있고, 몇 개가 남을까요?

(,)

2 색연필 25자루를 한 명에게 10자루씩 주려고 합니다.
색연필을 몇 명에게 줄 수 있고, 몇 자루가 남을까요?

(,)

왼쪽 ①, ②번과 같이 문제의 핵심 부분에 색칠하고,
문제를 풀어 보세요.

정답 19쪽

③ 빵 23개를 한 상자에 10개씩 담으려고 합니다.
빵을 몇 상자에 담을 수 있고, 몇 개가 남을까요?

(,)

④ 화단에 꽃 48송이를 한 줄에 10송이씩 심으려고 합니다.
꽃을 몇 줄로 심을 수 있고, 몇 송이가 남을까요?

(,)

⑤ 블록 37개를 한 명에게 10개씩 주려고 합니다.
블록을 몇 명에게 줄 수 있고, 몇 개가 남을까요?

(,)

18일

사이에 있는 수 구하기

이것만 알자

1-2-3-4-5

1과 5 사이에 있는 수

예 어린이들이 번호 순서대로 서 있고, 지호는 38번, 다예는 42번입니다. 지호와 다예 사이에 서 있는 어린이들의 번호를 모두 써 보세요.

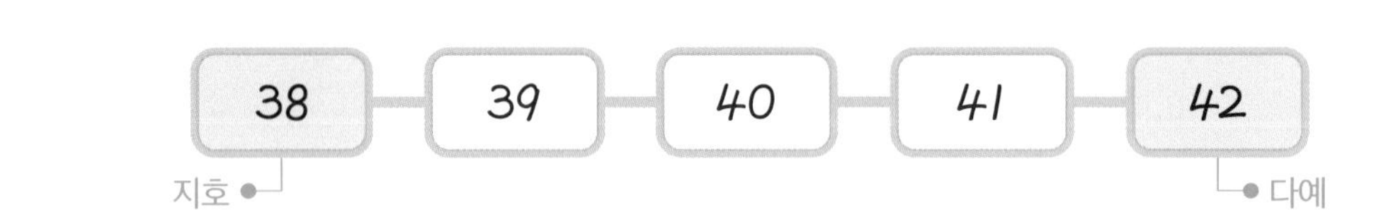

⇨ 38과 42 사이에 있는 수는 39, 40, 41입니다.

답 39번, 40번, 41번

1 은행에서 받은 다솜이의 번호표는 22번이고 상연이의 번호표는 25번입니다. 다솜이와 상연이 사이에 있는 사람들의 번호를 모두 써 보세요.

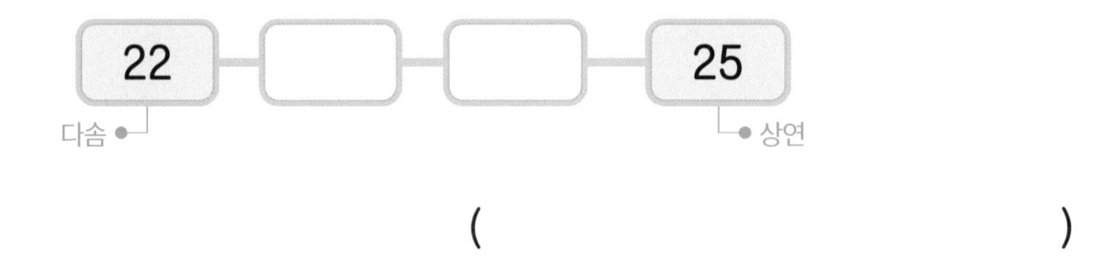

( )

2 지유네 집은 15층에 있고 현우네 집은 17층에 있습니다. 민아네 집은 지유네 집과 현우네 집 사이에 있다면 민아네 집은 몇 층에 있는지 써 보세요.

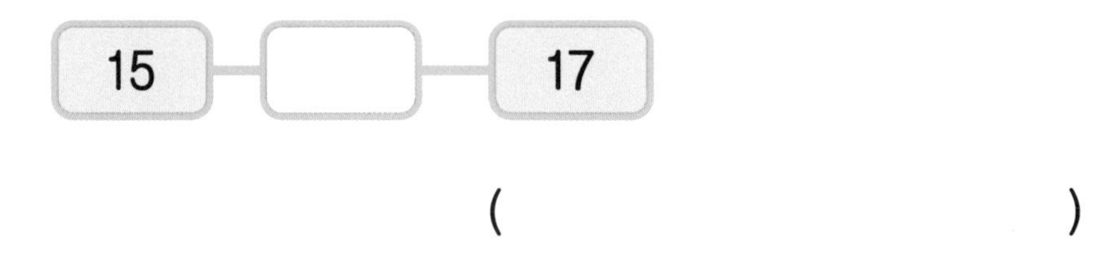

( )

왼쪽 ①, ②번과 같이 문제의 핵심 부분에 색칠하고,
문제를 풀어 보세요.

정답 20쪽

③ 호두는 48개 있고 아몬드는 50개 있습니다. 땅콩은 호두의 수와 아몬드의 수 사이에 있는 수만큼 있다면 땅콩은 몇 개 있는지 써 보세요.

( )

④ 승후는 책꽂이에 책을 번호 순서대로 꽂고 있습니다.
33번 책과 37번 책 사이에 꽂아야 하는 책의 번호를 모두 써 보세요.

( )

⑤ 유미네 가족이 고속버스를 탔습니다. 유미의 자리 번호는 19번이고 오빠의 자리 번호는 22번입니다. 유미의 자리 번호와 오빠의 자리 번호 사이에 있는 번호를 모두 써 보세요.

( )

19일 더 많은 것 구하기

이것만 알자

더 많은 것은?

➔ 10개씩 묶음의 수가 더 큰 수 구하기

예 동물원에 원숭이는 31마리, 앵무새는 22마리 있습니다.
원숭이와 앵무새 중 더 많은 것은 무엇인가요?

10개씩 묶음의 수가 클수록 더 큰 수입니다.

31은 22보다 큽니다.

⇨ 더 많은 것은 원숭이입니다.

답 원숭이

10개씩 묶음의 수가 같으면
낱개의 수가 클수록 더 큰 수예요.
예 18은 17보다 큽니다.

1 동화책을 소희는 15쪽, 동주는 20쪽 읽었습니다.
소희와 동주 중 동화책을 더 많이 읽은 사람은 누구인가요?

( )

2 우유는 39컵, 주스는 36컵 있습니다.
우유와 주스 중 더 많은 것은 무엇인가요?

( )

왼쪽 ①, ②번과 같이 문제의 핵심 부분에 색칠하고,
비교해야 하는 두 수에 밑줄을 그어 문제를 풀어 보세요.

정답 20쪽

③ 장난감 가게에 인형이 34개, 로봇이 42개 있습니다. 인형과 로봇 중 더 많은 것은 무엇인가요?

( )

④ 학생들이 강당에는 28명, 운동장에는 23명 있습니다. 강당과 운동장 중 학생들이 더 많은 곳은 어디인가요?

( )

⑤ 연아 아버지의 나이는 44살, 어머니의 나이는 46살입니다. 아버지와 어머니 중 나이가 더 많은 사람은 누구인가요?

( )

19일 더 적은 것 구하기

이것만 알자

더 적은 것은?
➔ 10개씩 묶음의 수가 더 작은 수 구하기

예 신발 가게에 운동화가 37켤레, 구두가 50켤레 있습니다.
운동화와 구두 중 더 적은 것은 무엇인가요?

10개씩 묶음의 수가 작을수록 더 작은 수입니다.

37은 50보다 작습니다.
⇨ 더 적은 것은 운동화입니다.

답 운동화

10개씩 묶음의 수가 같으면
낱개의 수가 작을수록 더 작은 수예요.
예 25는 26보다 작습니다.

1 과일 가게에 사과는 40개, 배는 26개 있습니다.
사과와 배 중 더 적은 것은 무엇인가요?

( )

2 구슬을 영지는 33개, 준서는 34개 가지고 있습니다.
영지와 준서 중 구슬을 더 적게 가지고 있는 사람은 누구인가요?

( )

왼쪽 ①, ②번과 같이 문제의 핵심 부분에 색칠하고, 비교해야 하는 두 수에 밑줄을 그어 문제를 풀어 보세요.

정답 21쪽

③ 달걀이 파란색 바구니에는 30개, 노란색 바구니에는 18개 들어 있습니다. 달걀이 더 적게 들어 있는 바구니는 무슨 색 바구니인가요?

( )

④ 계단을 진성이는 27칸, 윤수는 21칸 올라갔습니다. 진성이와 윤수 중 계단을 더 적게 올라간 사람은 누구인가요?

( )

⑤ 문구점에서 연필을 어제는 39자루, 오늘은 43자루 팔았습니다. 어제와 오늘 중 연필을 더 적게 판 날은 언제인가요?

( )

20일 마무리하기

80쪽

1 감자가 봉지에 10개 들어 있고, 바구니에 6개 들어 있습니다.
감자는 모두 몇 개인가요?

( )

82쪽

2 꽃병에 장미 5송이와 백합 8송이가 꽂혀 있습니다.
장미와 백합을 모으면 몇 송이인가요?

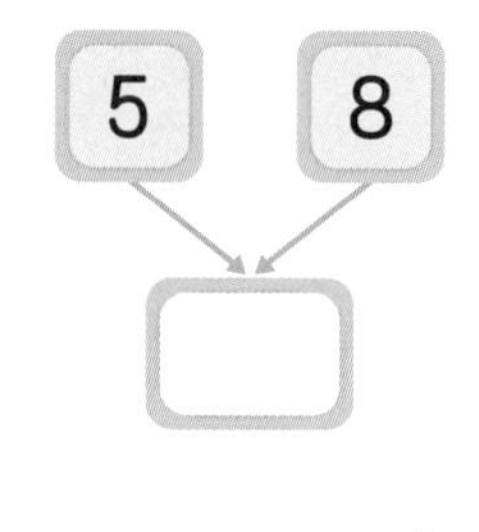

( )

84쪽

3 만화책 12권을 선아와 호진이가 나누어 가지려고 합니다.
만화책을 선아가 8권 가지면 호진이는 몇 권을 가져야 하나요?

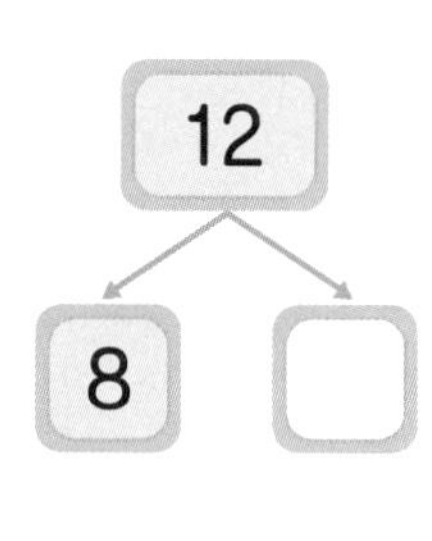

( )

86쪽

4 바둑돌이 10개씩 묶음 3개와 낱개 4개가 있습니다.
바둑돌은 모두 몇 개인가요?

( )

정답 21쪽

88쪽

5 체리 42개를 한 명에게 10개씩 주려고 합니다.
체리를 몇 명에게 줄 수 있고, 몇 개가 남을까요?

(,)

90쪽

6 윤미의 신발장 번호는 46번이고 석호의 신발장 번호는 50번입니다.
윤미의 신발장 번호와 석호의 신발장 번호 사이에 있는 번호를 모두 써 보세요.

( )

92쪽

7 빵집에서 도넛은 39개, 식빵은 32개 만들었습니다.
도넛과 식빵 중 더 많이 만든 것은 무엇인가요?

( )

8 94쪽 도전 문제

농장에 닭은 40마리, 오리는 22마리, 염소는 35마리 있습니다.
닭, 오리, 염소 중 가장 적은 것은 무엇인지 구해 보세요.

❶ 세 수 중 가장 작은 수 → ( )

❷ 세 동물 중 가장 적은 것 → ( )

공부한 날짜 월 일

1회 실력 평가

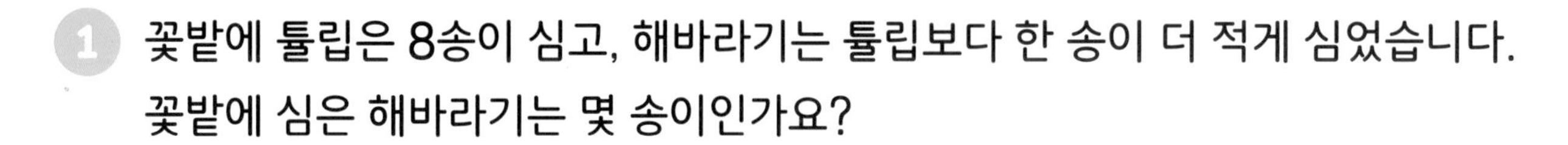

1 꽃밭에 튤립은 8송이 심고, 해바라기는 튤립보다 한 송이 더 적게 심었습니다. 꽃밭에 심은 해바라기는 몇 송이인가요?

( )

2 ▢, ▭, ◯ 모양 중에서 가장 많은 모양에 ◯표 하세요.

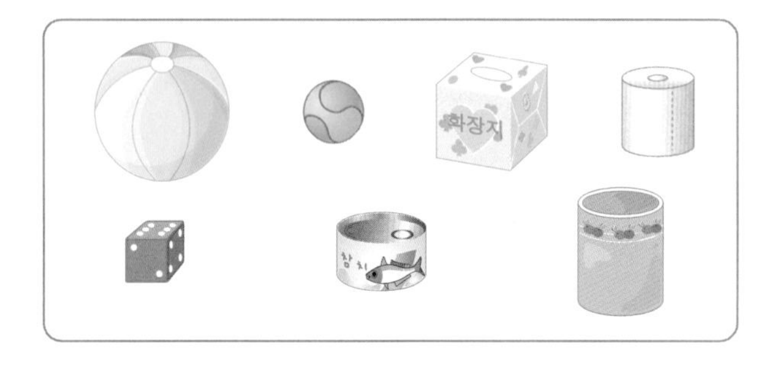

(▢ , ▭ , ◯)

3 식탁 위에 젤리가 7봉지 있었습니다. 그중에서 상호가 2봉지 먹었습니다. 식탁 위에 남은 젤리는 몇 봉지인가요?

( )

정답 22쪽

4 상자에는 크림빵이 없고, 봉지에는 크림빵이 5개 있습니다.
상자와 봉지에 있는 크림빵은 모두 몇 개인가요?

( )

5 양동이보다 담을 수 있는 양이 더 많은 것에 ○표 하세요.

( ) ( ) ( )

6 수지 삼촌의 나이는 38살, 이모의 나이는 41살입니다.
삼촌과 이모 중 나이가 더 적은 사람은 누구인가요?

( )

7 야구공 26개를 한 상자에 10개씩 담으려고 합니다.
야구공을 몇 상자에 담을 수 있고, 몇 개가 남을까요?

(,)

2회 실력 평가

1 알사탕을 준우는 7개, 하은이는 3개 먹었습니다.
준우와 하은이 중 알사탕을 더 많이 먹은 사람은 누구인가요?

( )

2 □ 모양을 더 많이 이용한 것에 ○표 하세요.

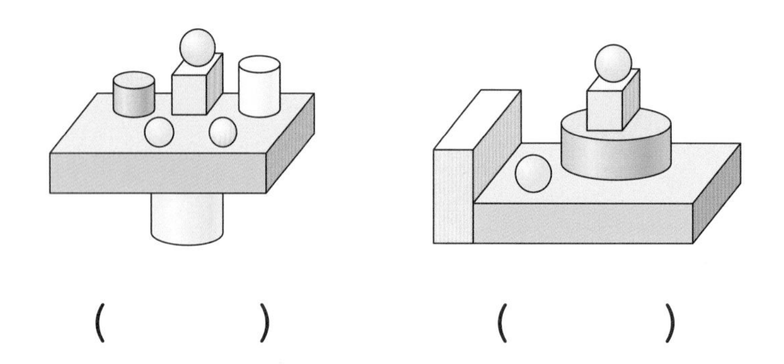

( ) ( )

3 가위보다 더 긴 것에 ○표 하세요.

가위

( )

( )

( )

정답 22쪽

4 연희와 수아가 고리 던지기 놀이를 하였습니다. 고리를 연희는 5개, 수아는 3개 걸었습니다. 연희와 수아가 건 고리는 모두 몇 개인가요?

( )

5 빨간색 색연필 4자루와 초록색 색연필 9자루가 있습니다. 빨간색 색연필과 초록색 색연필을 모으면 몇 자루인가요?

4 9

( )

6 체육대회에 참가한 어린이들이 번호 순서대로 서 있습니다. 민규의 번호는 37번이고 경민이의 번호는 41번입니다. 민규와 경민이 사이에 서 있는 어린이들의 번호를 모두 써 보세요.

( )

7 3장의 수 카드 중에서 가장 큰 수와 가장 작은 수의 차를 구해 보세요.

4 8 6

( )

3회 실력 평가

1 왼쪽에서 넷째에 있는 컵에 ○표 하세요.

2 , , 모양 중에서 가장 적게 이용한 모양에 ○표 하세요.

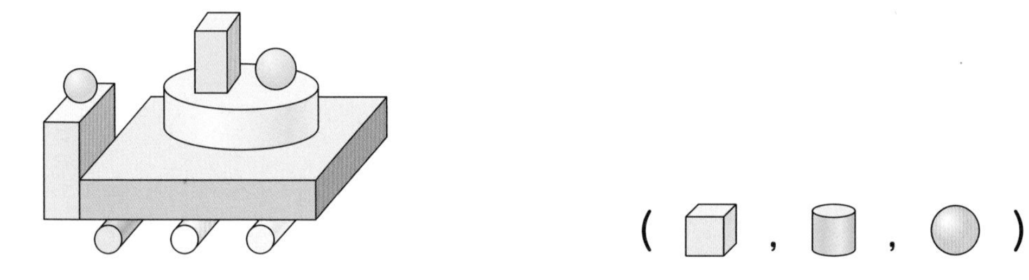

3 목장에 말이 5마리, 소가 4마리 있습니다.
목장에 있는 동물은 모두 몇 마리인가요?

( )

정답 23쪽

4 경수가 아몬드는 4개 먹었고, 호두는 아몬드보다 3개 더 적게 먹었습니다. 경수가 먹은 호두는 몇 개인가요?

( )

5 모자가 10개씩 묶음 1개와 낱개 4개가 있습니다. 모자는 모두 몇 개인가요?

( )

6 색종이는 33장, 도화지는 28장 있습니다. 색종이와 도화지 중 더 적게 있는 것은 무엇인가요?

( )

7 감자, 귤, 토마토를 양팔 저울에 올려놓았습니다. 가장 무거운 것은 무엇인가요?

( )

MEMO

정답과 해설

정답과 해설
QR코드

책 속의 가접 별책 (특허 제 0557442호)

'정답과 해설'은 진도책에서 쉽게 분리할 수 있도록 제작되었으므로
유통 과정에서 분리될 수 있으나 파본이 아닌 정상 제품입니다.

우리는 남다른 상상과 혁신으로
교육 문화의 새로운 전형을 만들어
모든 이의 행복한 경험과 성장에 기여한다

완자 공부력

교과서 문해력
수학 문장제 기본 1A

< 정답과 해설 >

1 9까지의 수

10-11쪽

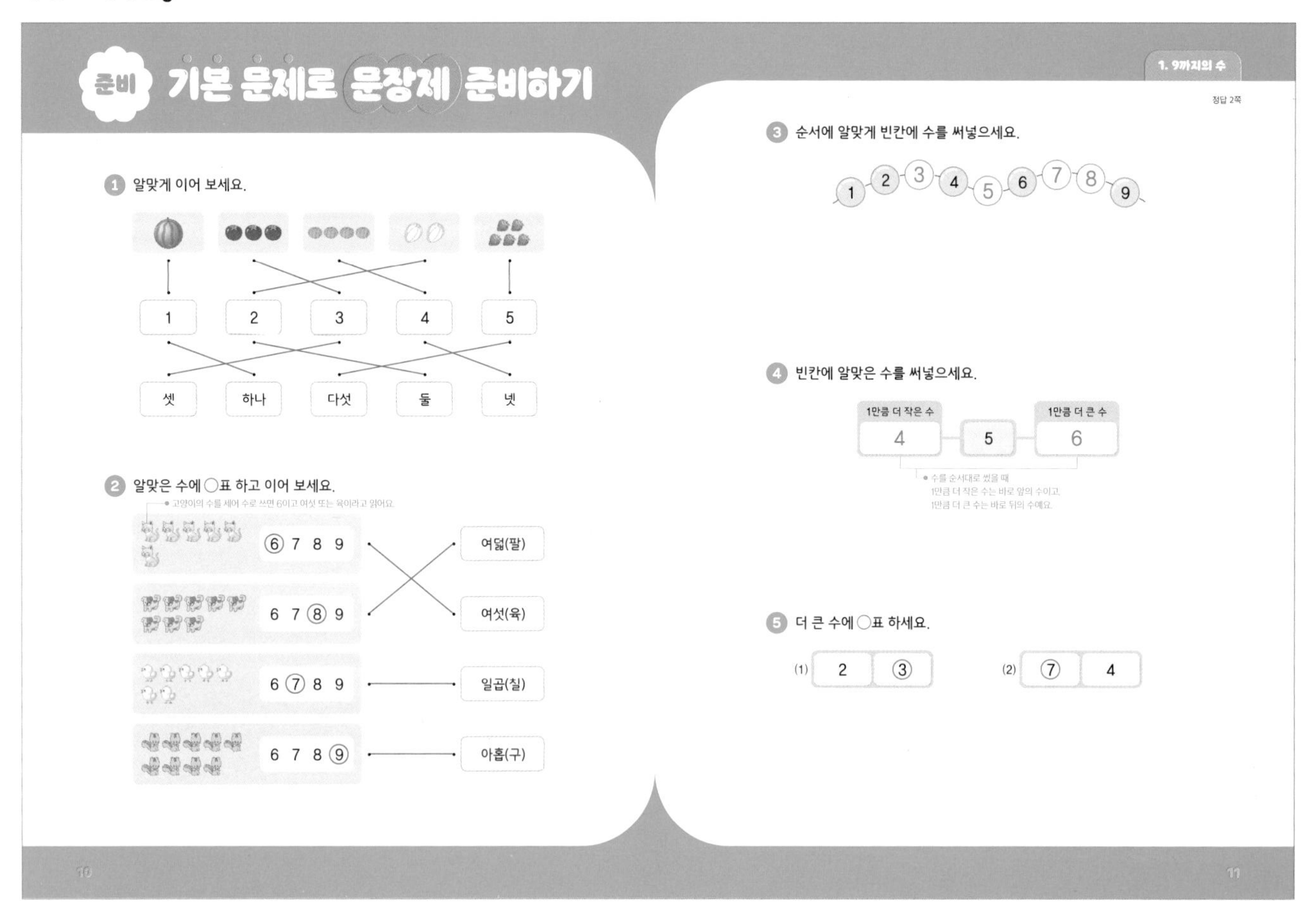
준비 기본 문제로 문장제 준비하기

1. 9까지의 수

정답 2쪽

1 알맞게 이어 보세요.

1	2	3	4	5

셋	하나	다섯	둘	넷

2 알맞은 수에 ○표 하고 이어 보세요.

• 고양이의 수를 세어 수로 쓰면 6이고 여섯 또는 육이라고 읽어요.

⑥ 7 8 9 — 여섯(육)

6 7 ⑧ 9 — 여덟(팔)

6 ⑦ 8 9 — 일곱(칠)

6 7 8 ⑨ — 아홉(구)

3 순서에 알맞게 빈칸에 수를 써넣으세요.

1 2 3 4 5 6 7 8 9

4 빈칸에 알맞은 수를 써넣으세요.

1만큼 더 작은 수		1만큼 더 큰 수
4	5	6

• 수를 순서대로 썼을 때 1만큼 더 작은 수는 바로 앞의 수이고, 1만큼 더 큰 수는 바로 뒤의 수예요.

5 더 큰 수에 ○표 하세요.

(1) 2 ③

(2) ⑦ 4

10 11

12-13쪽

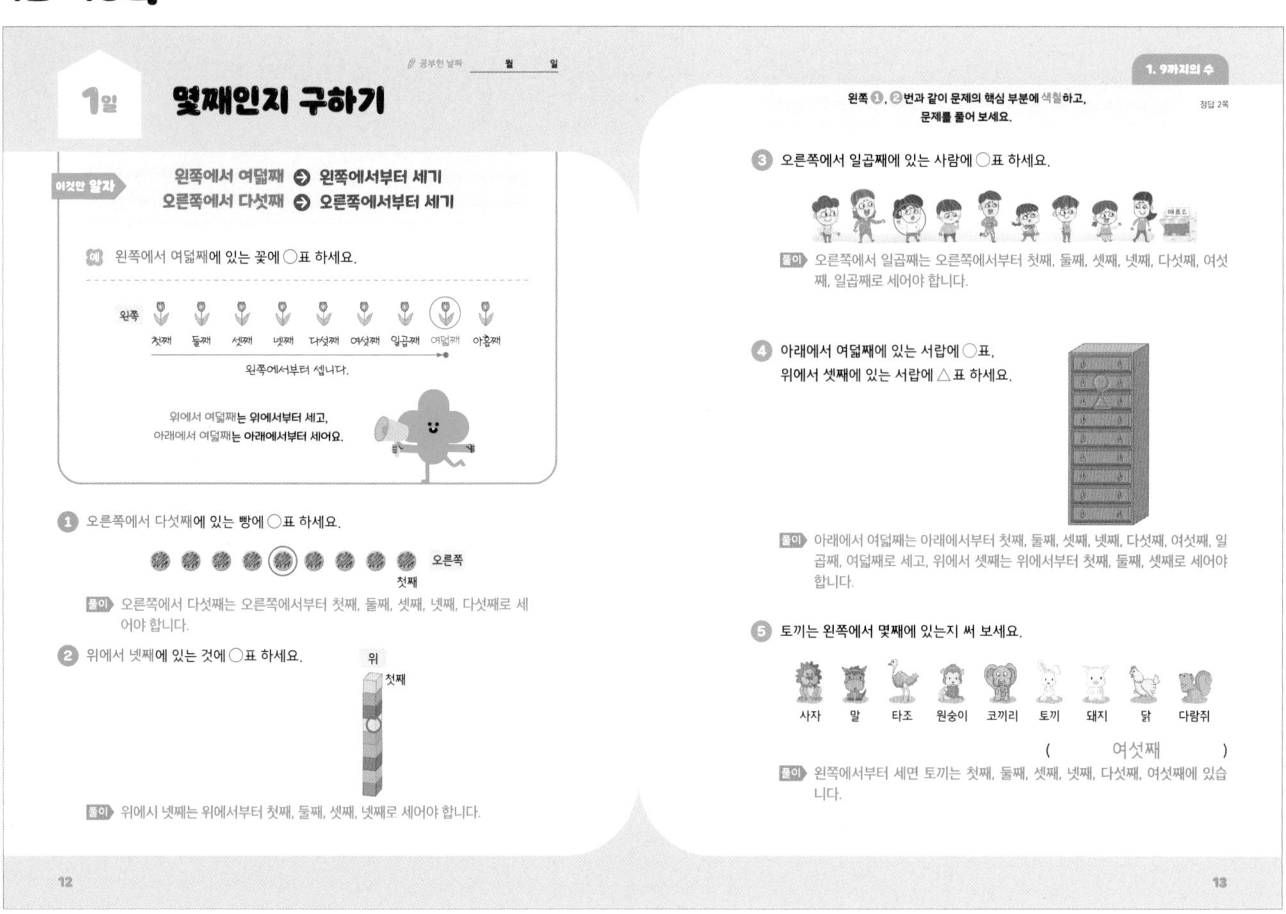
1일 몇째인지 구하기

공부한 날짜 월 일

1. 9까지의 수

정답 2쪽

이것만 알자

왼쪽에서 여덟째 ➔ 왼쪽에서부터 세기

오른쪽에서 다섯째 ➔ 오른쪽에서부터 세기

왼쪽에서 여덟째에 있는 꽃에 ○표 하세요.

왼쪽 첫째 둘째 셋째 넷째 다섯째 여섯째 일곱째 여덟째 아홉째

왼쪽에서부터 셉니다.

위에서 여덟째는 위에서부터 세고,
아래에서 여덟째는 아래에서부터 세어요.

1 오른쪽에서 다섯째에 있는 빵에 ○표 하세요.

오른쪽 첫째

풀이 오른쪽에서 다섯째는 오른쪽에서부터 첫째, 둘째, 셋째, 넷째, 다섯째로 세어야 합니다.

2 위에서 넷째에 있는 것에 ○표 하세요.

위 첫째

풀이 위에서 넷째는 위에서부터 첫째, 둘째, 셋째, 넷째로 세어야 합니다.

왼쪽 1, 2번과 같이 문제의 핵심 부분에 색칠하고, 문제를 풀어 보세요.

3 오른쪽에서 일곱째에 있는 사람에 ○표 하세요.

풀이 오른쪽에서 일곱째는 오른쪽에서부터 첫째, 둘째, 셋째, 넷째, 다섯째, 여섯째, 일곱째로 세어야 합니다.

4 아래에서 여덟째에 있는 서랍에 ○표, 위에서 셋째에 있는 서랍에 △표 하세요.

풀이 아래에서 여덟째는 아래에서부터 첫째, 둘째, 셋째, 넷째, 다섯째, 여섯째, 일곱째, 여덟째로 세고, 위에서 셋째는 위에서부터 첫째, 둘째, 셋째로 세어야 합니다.

5 토끼는 왼쪽에서 몇째에 있는지 써 보세요.

사자 말 타조 원숭이 코끼리 토끼 돼지 닭 다람쥐

(여섯째)

풀이 왼쪽에서부터 세면 토끼는 첫째, 둘째, 셋째, 넷째, 다섯째, 여섯째에 있습니다.

12 13

14-15쪽

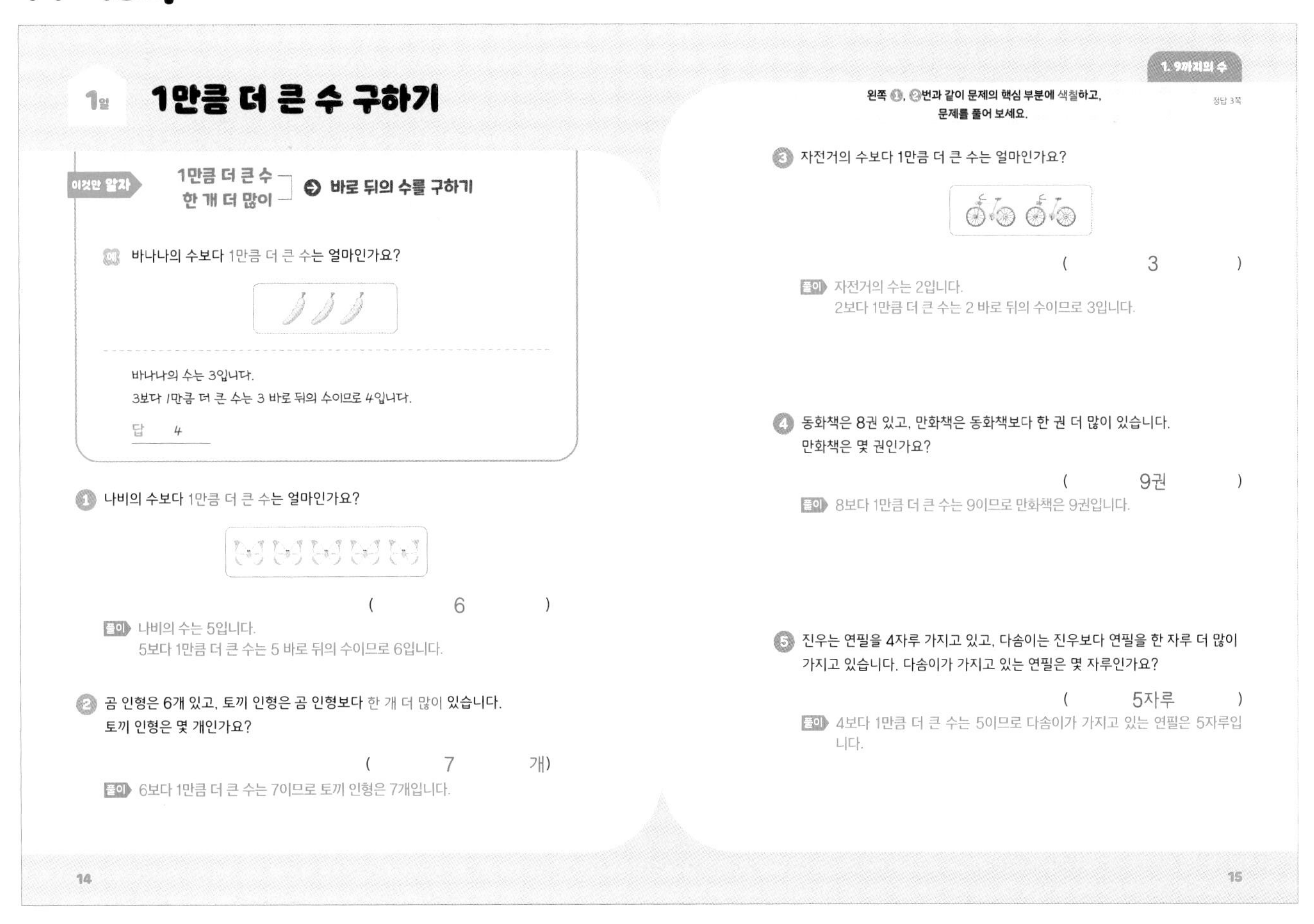
1. 9까지의 수

1일 1만큼 더 큰 수 구하기

이것만 알자 1만큼 더 큰 수 / 한 개 더 많이 → 바로 뒤의 수를 구하기

예 바나나의 수보다 1만큼 더 큰 수는 얼마인가요?

바나나의 수는 3입니다.
3보다 1만큼 더 큰 수는 3 바로 뒤의 수이므로 4입니다.

답 4

1 나비의 수보다 1만큼 더 큰 수는 얼마인가요?

(6)

풀이 나비의 수는 5입니다.
5보다 1만큼 더 큰 수는 5 바로 뒤의 수이므로 6입니다.

2 곰 인형은 6개 있고, 토끼 인형은 곰 인형보다 한 개 더 많이 있습니다.
토끼 인형은 몇 개인가요?

(7 개)

풀이 6보다 1만큼 더 큰 수는 7이므로 토끼 인형은 7개입니다.

왼쪽 1, 2번과 같이 문제의 핵심 부분에 색칠하고, 문제를 풀어 보세요.

정답 3쪽

3 자전거의 수보다 1만큼 더 큰 수는 얼마인가요?

(3)

풀이 자전거의 수는 2입니다.
2보다 1만큼 더 큰 수는 2 바로 뒤의 수이므로 3입니다.

4 동화책은 8권 있고, 만화책은 동화책보다 한 권 더 많이 있습니다.
만화책은 몇 권인가요?

(9권)

풀이 8보다 1만큼 더 큰 수는 9이므로 만화책은 9권입니다.

5 진우는 연필을 4자루 가지고 있고, 다솜이는 진우보다 연필을 한 자루 더 많이 가지고 있습니다. 다솜이가 가지고 있는 연필은 몇 자루인가요?

(5자루)

풀이 4보다 1만큼 더 큰 수는 5이므로 다솜이가 가지고 있는 연필은 5자루입니다.

14 15

16-17쪽

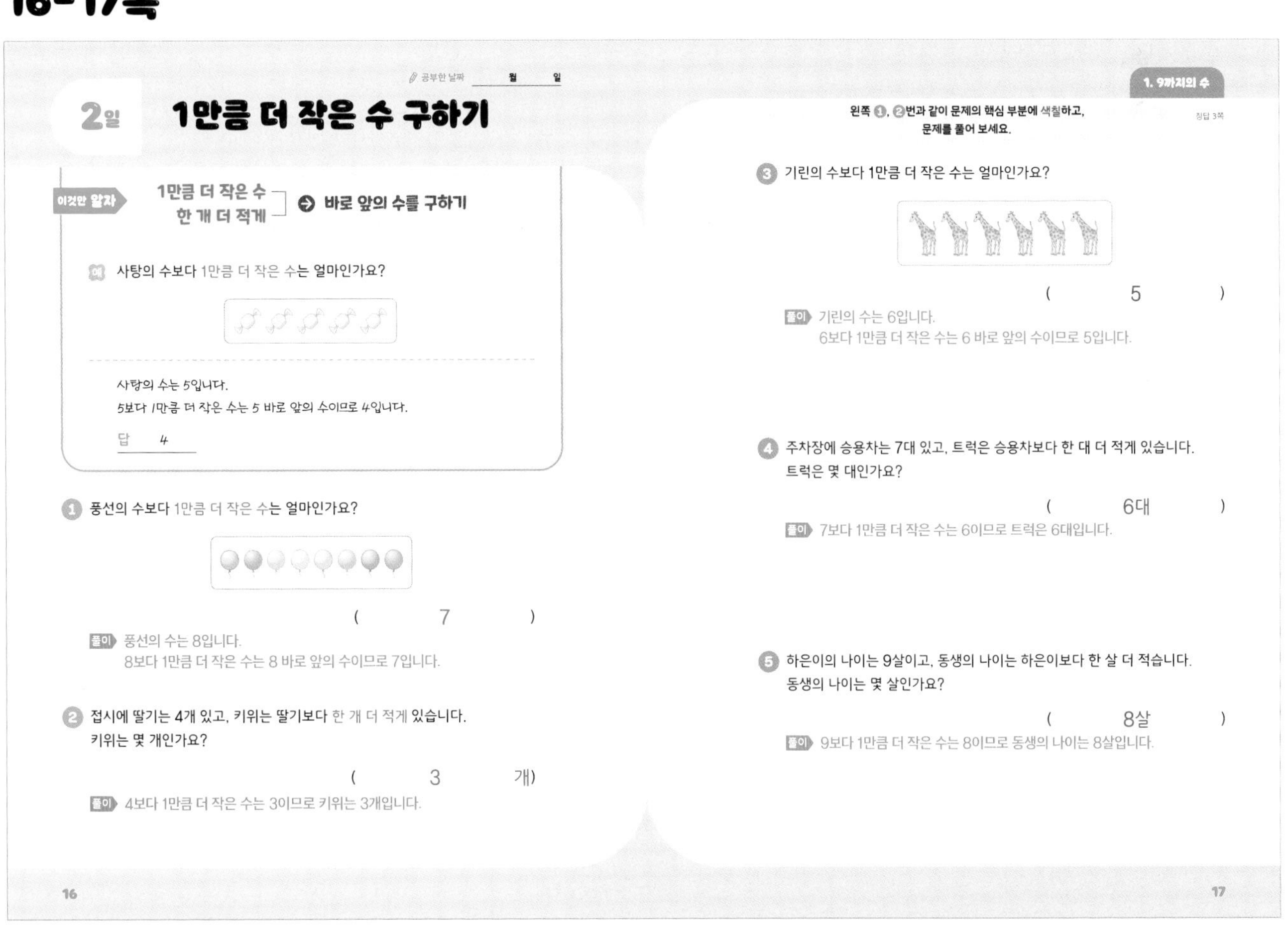
공부한 날짜 월 일

1. 9까지의 수

2일 1만큼 더 작은 수 구하기

이것만 알자 1만큼 더 작은 수 / 한 개 더 적게 → 바로 앞의 수를 구하기

예 사탕의 수보다 1만큼 더 작은 수는 얼마인가요?

사탕의 수는 5입니다.
5보다 1만큼 더 작은 수는 5 바로 앞의 수이므로 4입니다.

답 4

1 풍선의 수보다 1만큼 더 작은 수는 얼마인가요?

(7)

풀이 풍선의 수는 8입니다.
8보다 1만큼 더 작은 수는 8 바로 앞의 수이므로 7입니다.

2 접시에 딸기는 4개 있고, 키위는 딸기보다 한 개 더 적게 있습니다.
키위는 몇 개인가요?

(3 개)

풀이 4보다 1만큼 더 작은 수는 3이므로 키위는 3개입니다.

왼쪽 1, 2번과 같이 문제의 핵심 부분에 색칠하고, 문제를 풀어 보세요.

정답 3쪽

3 기린의 수보다 1만큼 더 작은 수는 얼마인가요?

(5)

풀이 기린의 수는 6입니다.
6보다 1만큼 더 작은 수는 6 바로 앞의 수이므로 5입니다.

4 주차장에 승용차는 7대 있고, 트럭은 승용차보다 한 대 더 적게 있습니다.
트럭은 몇 대인가요?

(6대)

풀이 7보다 1만큼 더 작은 수는 6이므로 트럭은 6대입니다.

5 하은이의 나이는 9살이고, 동생의 나이는 하은이보다 한 살 더 적습니다.
동생의 나이는 몇 살인가요?

(8살)

풀이 9보다 1만큼 더 작은 수는 8이므로 동생의 나이는 8살입니다.

16 17

1 9까지의 수

18-19쪽

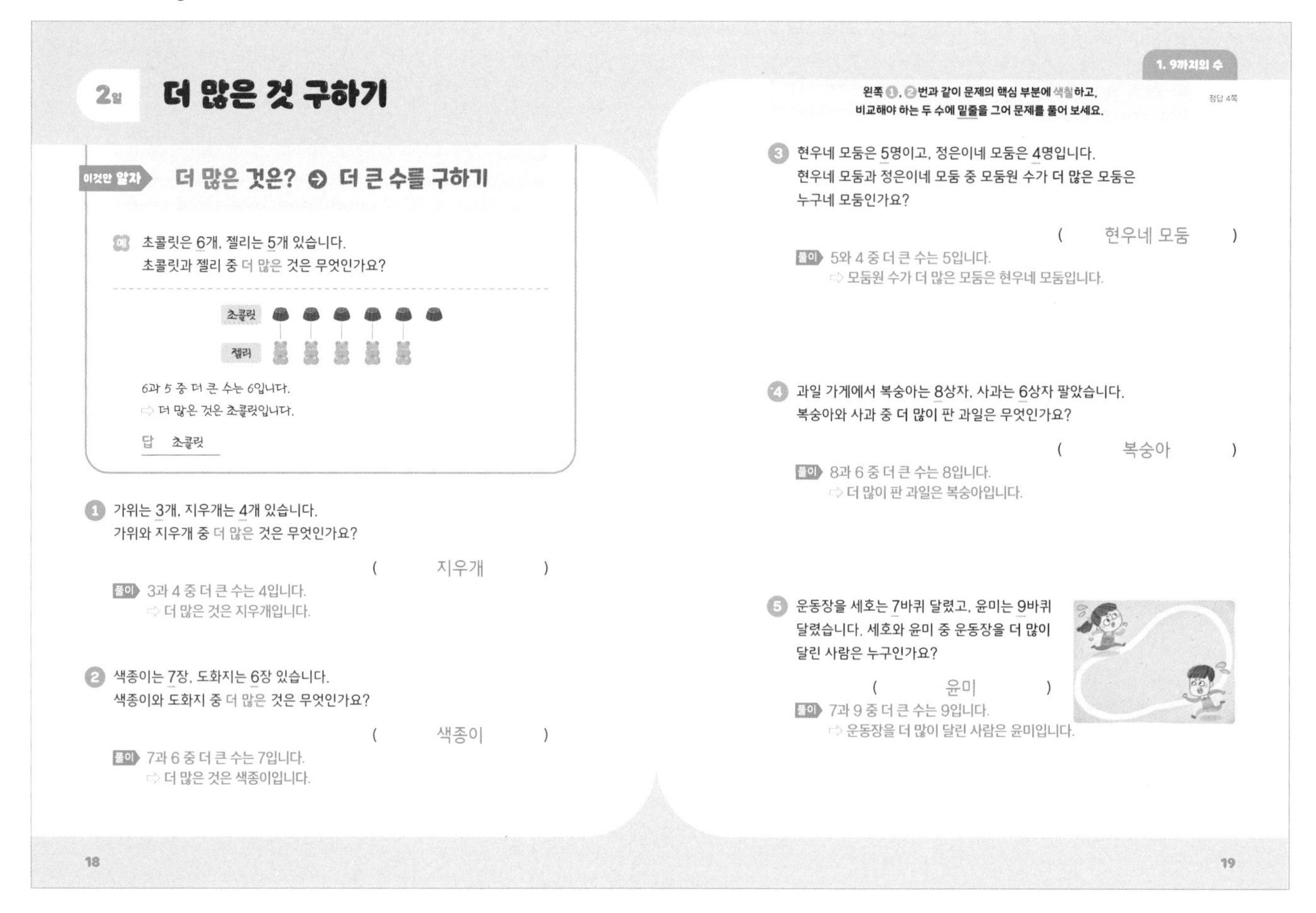

1. 9까지의 수

2일 **더 많은 것 구하기**

이것만 알자 **더 많은 것은? ➜ 더 큰 수를 구하기**

예 초콜릿은 6개, 젤리는 5개 있습니다.
초콜릿과 젤리 중 더 많은 것은 무엇인가요?

초콜릿 / 젤리

6과 5 중 더 큰 수는 6입니다.
⇨ 더 많은 것은 초콜릿입니다.

답 초콜릿

1 가위는 3개, 지우개는 4개 있습니다.
가위와 지우개 중 더 많은 것은 무엇인가요?

(지우개)

풀이 3과 4 중 더 큰 수는 4입니다.
⇨ 더 많은 것은 지우개입니다.

2 색종이는 7장, 도화지는 6장 있습니다.
색종이와 도화지 중 더 많은 것은 무엇인가요?

(색종이)

풀이 7과 6 중 더 큰 수는 7입니다.
⇨ 더 많은 것은 색종이입니다.

왼쪽 1, 2번과 같이 문제의 핵심 부분에 색칠하고,
비교해야 하는 두 수에 밑줄을 그어 문제를 풀어 보세요.

정답 4쪽

3 현우네 모둠은 5명이고, 정은이네 모둠은 4명입니다.
현우네 모둠과 정은이네 모둠 중 모둠원 수가 더 많은 모둠은 누구네 모둠인가요?

(현우네 모둠)

풀이 5와 4 중 더 큰 수는 5입니다.
⇨ 모둠원 수가 더 많은 모둠은 현우네 모둠입니다.

4 과일 가게에서 복숭아는 8상자, 사과는 6상자 팔았습니다.
복숭아와 사과 중 더 많이 판 과일은 무엇인가요?

(복숭아)

풀이 8과 6 중 더 큰 수는 8입니다.
⇨ 더 많이 판 과일은 복숭아입니다.

5 운동장을 세호는 7바퀴 달렸고, 윤미는 9바퀴 달렸습니다. 세호와 윤미 중 운동장을 더 많이 달린 사람은 누구인가요?

(윤미)

풀이 7과 9 중 더 큰 수는 9입니다.
⇨ 운동장을 더 많이 달린 사람은 윤미입니다.

18 19

20-21쪽

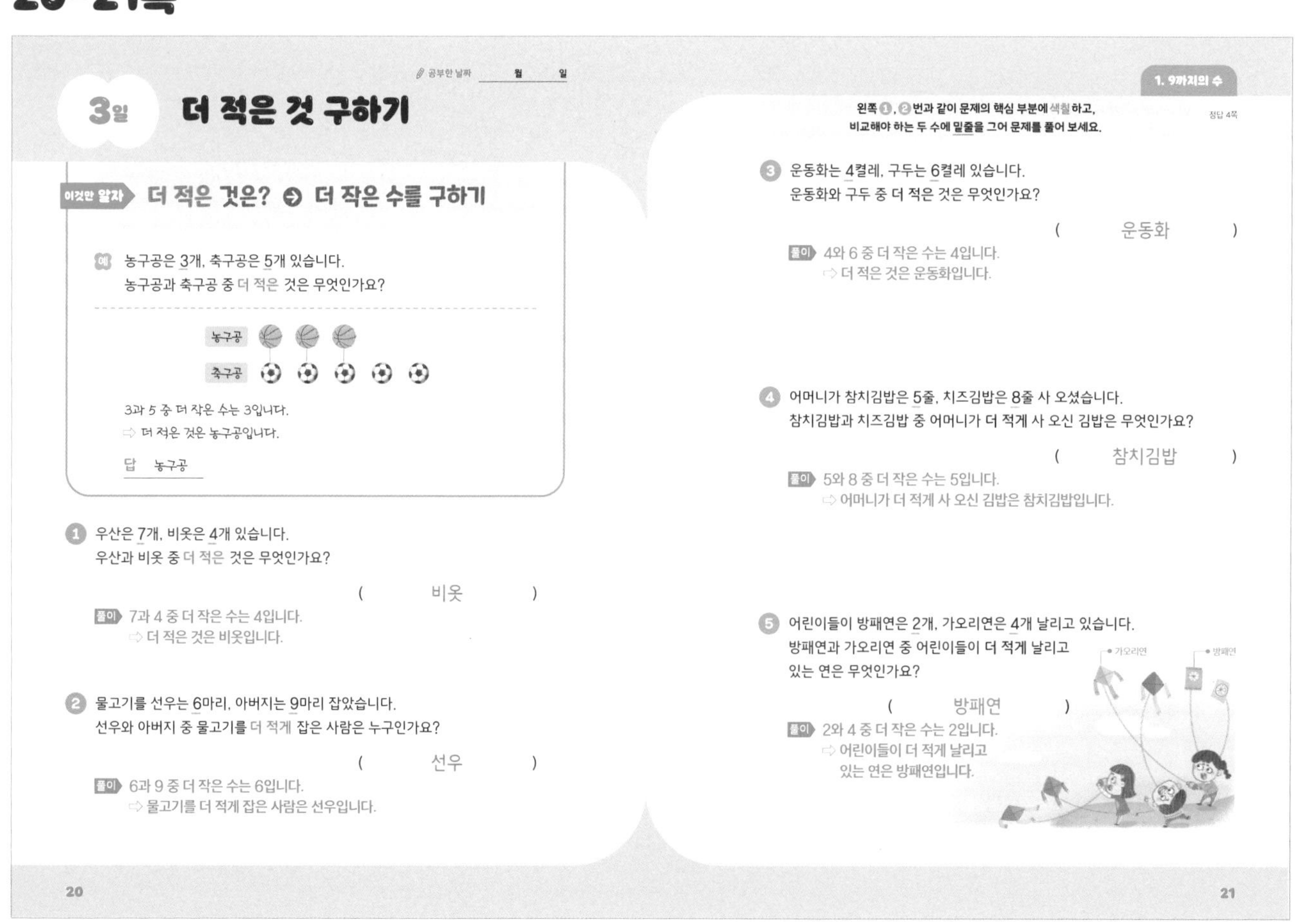

공부한 날짜 월 일

1. 9까지의 수

3일 **더 적은 것 구하기**

이것만 알자 **더 적은 것은? ➜ 더 작은 수를 구하기**

예 농구공은 3개, 축구공은 5개 있습니다.
농구공과 축구공 중 더 적은 것은 무엇인가요?

농구공 / 축구공

3과 5 중 더 작은 수는 3입니다.
⇨ 더 적은 것은 농구공입니다.

답 농구공

1 우산은 7개, 비옷은 4개 있습니다.
우산과 비옷 중 더 적은 것은 무엇인가요?

(비옷)

풀이 7과 4 중 더 작은 수는 4입니다.
⇨ 더 적은 것은 비옷입니다.

2 물고기를 선우는 6마리, 아버지는 9마리 잡았습니다.
선우와 아버지 중 물고기를 더 적게 잡은 사람은 누구인가요?

(선우)

풀이 6과 9 중 더 작은 수는 6입니다.
⇨ 물고기를 더 적게 잡은 사람은 선우입니다.

왼쪽 1, 2번과 같이 문제의 핵심 부분에 색칠하고,
비교해야 하는 두 수에 밑줄을 그어 문제를 풀어 보세요.

정답 4쪽

3 운동화는 4켤레, 구두는 6켤레 있습니다.
운동화와 구두 중 더 적은 것은 무엇인가요?

(운동화)

풀이 4와 6 중 더 작은 수는 4입니다.
⇨ 더 적은 것은 운동화입니다.

4 어머니가 참치김밥은 5줄, 치즈김밥은 8줄 사 오셨습니다.
참치김밥과 치즈김밥 중 어머니가 더 적게 사 오신 김밥은 무엇인가요?

(참치김밥)

풀이 5와 8 중 더 작은 수는 5입니다.
⇨ 어머니가 더 적게 사 오신 김밥은 참치김밥입니다.

5 어린이들이 방패연은 2개, 가오리연은 4개 날리고 있습니다.
방패연과 가오리연 중 어린이들이 더 적게 날리고 있는 연은 무엇인가요?

가오리연 / 방패연

(방패연)

풀이 2와 4 중 더 작은 수는 2입니다.
⇨ 어린이들이 더 적게 날리고 있는 연은 방패연입니다.

20 21

22-23쪽

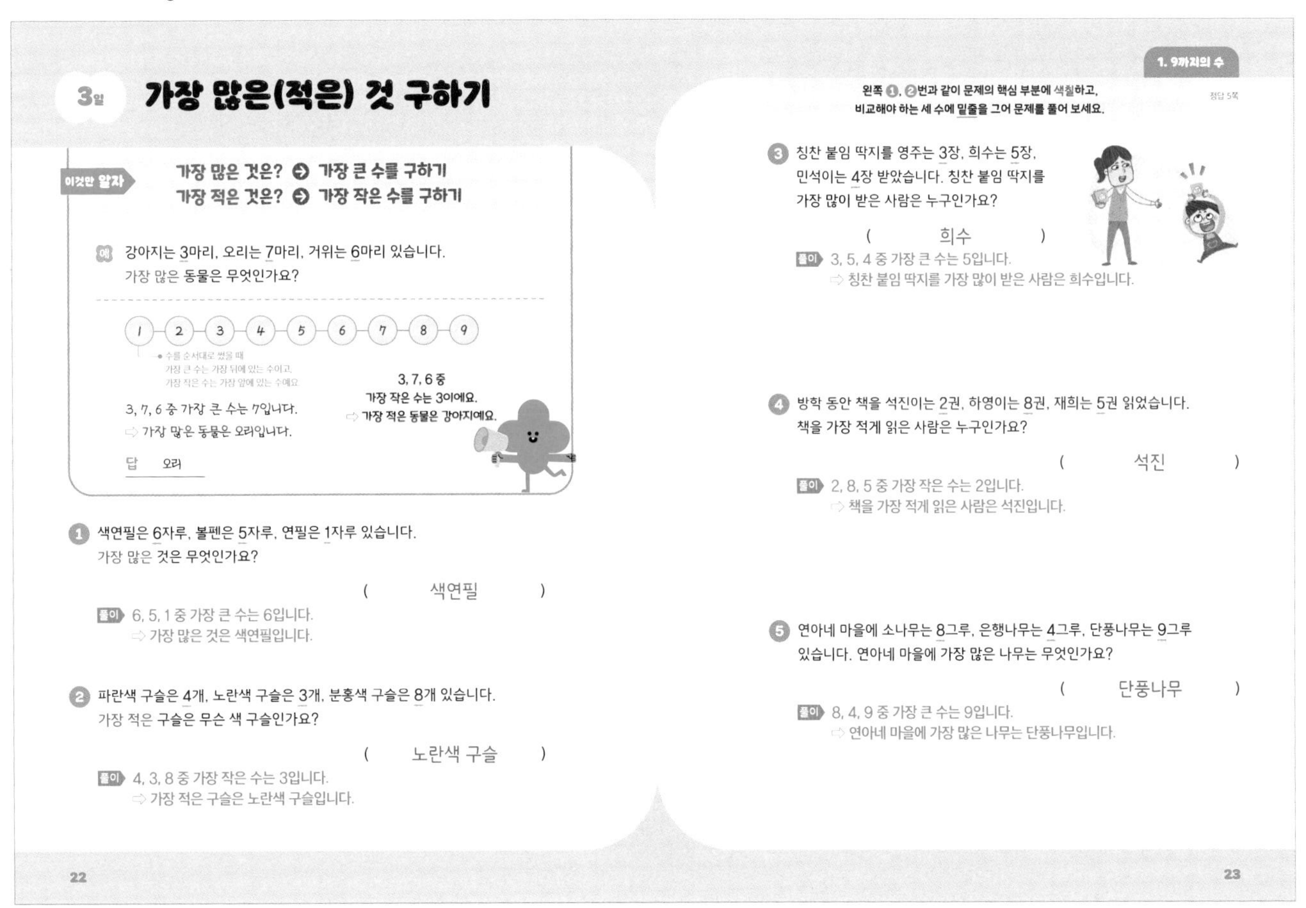

1. 9까지의 수

3일 **가장 많은(적은) 것 구하기**

이것만 알자
가장 많은 것은? ➔ 가장 큰 수를 구하기
가장 적은 것은? ➔ 가장 작은 수를 구하기

예 강아지는 3마리, 오리는 7마리, 거위는 6마리 있습니다.
가장 많은 동물은 무엇인가요?

1 - 2 - 3 - 4 - 5 - 6 - 7 - 8 - 9

3, 7, 6 중 가장 큰 수는 7입니다.
⇨ 가장 많은 동물은 오리입니다.

3, 7, 6 중
가장 작은 수는 3이에요.
⇨ 가장 적은 동물은 강아지예요.

답 오리

1 색연필은 6자루, 볼펜은 5자루, 연필은 1자루 있습니다.
가장 많은 것은 무엇인가요?

(색연필)

풀이 6, 5, 1 중 가장 큰 수는 6입니다.
⇨ 가장 많은 것은 색연필입니다.

2 파란색 구슬은 4개, 노란색 구슬은 3개, 분홍색 구슬은 8개 있습니다.
가장 적은 구슬은 무슨 색 구슬인가요?

(노란색 구슬)

풀이 4, 3, 8 중 가장 작은 수는 3입니다.
⇨ 가장 적은 구슬은 노란색 구슬입니다.

왼쪽 1, 2번과 같이 문제의 핵심 부분에 색칠하고,
비교해야 하는 세 수에 밑줄을 그어 문제를 풀어 보세요.

정답 5쪽

3 칭찬 붙임 딱지를 영주는 3장, 희수는 5장,
민석이는 4장 받았습니다. 칭찬 붙임 딱지를
가장 많이 받은 사람은 누구인가요?

(희수)

풀이 3, 5, 4 중 가장 큰 수는 5입니다.
⇨ 칭찬 붙임 딱지를 가장 많이 받은 사람은 희수입니다.

4 방학 동안 책을 석진이는 2권, 하영이는 8권, 재희는 5권 읽었습니다.
책을 가장 적게 읽은 사람은 누구인가요?

(석진)

풀이 2, 8, 5 중 가장 작은 수는 2입니다.
⇨ 책을 가장 적게 읽은 사람은 석진입니다.

5 연아네 마을에 소나무는 8그루, 은행나무는 4그루, 단풍나무는 9그루
있습니다. 연아네 마을에 가장 많은 나무는 무엇인가요?

(단풍나무)

풀이 8, 4, 9 중 가장 큰 수는 9입니다.
⇨ 연아네 마을에 가장 많은 나무는 단풍나무입니다.

22 23

24-25쪽

공부한 날짜 월 일 | 걸린 시간 / 20분 | 맞은 개수 / 6개

1. 9까지의 수

4일 **마무리하기**

정답 5쪽

12쪽
1 왼쪽에서 넷째에 있는 양초에 ◯표 하세요.

풀이 왼쪽에서 넷째는 왼쪽에서부터 첫째, 둘째, 셋째, 넷째로 세어야 합니다.

16쪽
2 비행기의 수보다 1만큼 더 작은 수는 얼마인가요?

(8)

풀이 비행기의 수는 9입니다.
9보다 1만큼 더 작은 수는 9 바로 앞의 수이므로 8입니다.

14쪽
3 어항에 금붕어는 5마리 있고, 열대어는 금붕어보다 한 마리 더 많이 있습니다.
열대어는 몇 마리인가요?

(6마리)

풀이 5보다 1만큼 더 큰 수는 6이므로 열대어는 6마리입니다.

18쪽
4 선아네 반 친구들이 바나나 우유는 5개, 딸기 우유는 7개 마셨습니다.
바나나 우유와 딸기 우유 중 선아네 반 친구들이 더 많이 마신 우유는
무엇인가요?

(딸기 우유)

풀이 5와 7 중 더 큰 수는 7입니다.
⇨ 선아네 반 친구들이 더 많이 마신 우유는 딸기 우유입니다.

20쪽
5 서랍장에 양말은 9켤레, 장갑은 8켤레 들어 있습니다.
양말과 장갑 중 서랍장에 더 적게 들어 있는 것은 무엇인가요?

(장갑)

풀이 9와 8 중 더 작은 수는 8입니다.
⇨ 서랍장에 더 적게 들어 있는 것은 장갑입니다.

6 22쪽 **도전 문제**

만두 가게에서 김치만두는 7개, 고기만두는 6개, 새우만두는 8개
사 왔습니다. 둘째로 많이 사 온 만두는 무엇인지 구해 보세요.

❶ 7, 6, 8 중 가장 큰 수 → (8)
❷ 7, 6, 8 중 둘째로 큰 수 → (7)
❸ 둘째로 많이 사 온 만두 → (김치만두)

풀이 ❸ 둘째로 많이 사 온 만두는 7개를 사 온 김치만두입니다.

24 25

2 여러 가지 모양

28-29쪽

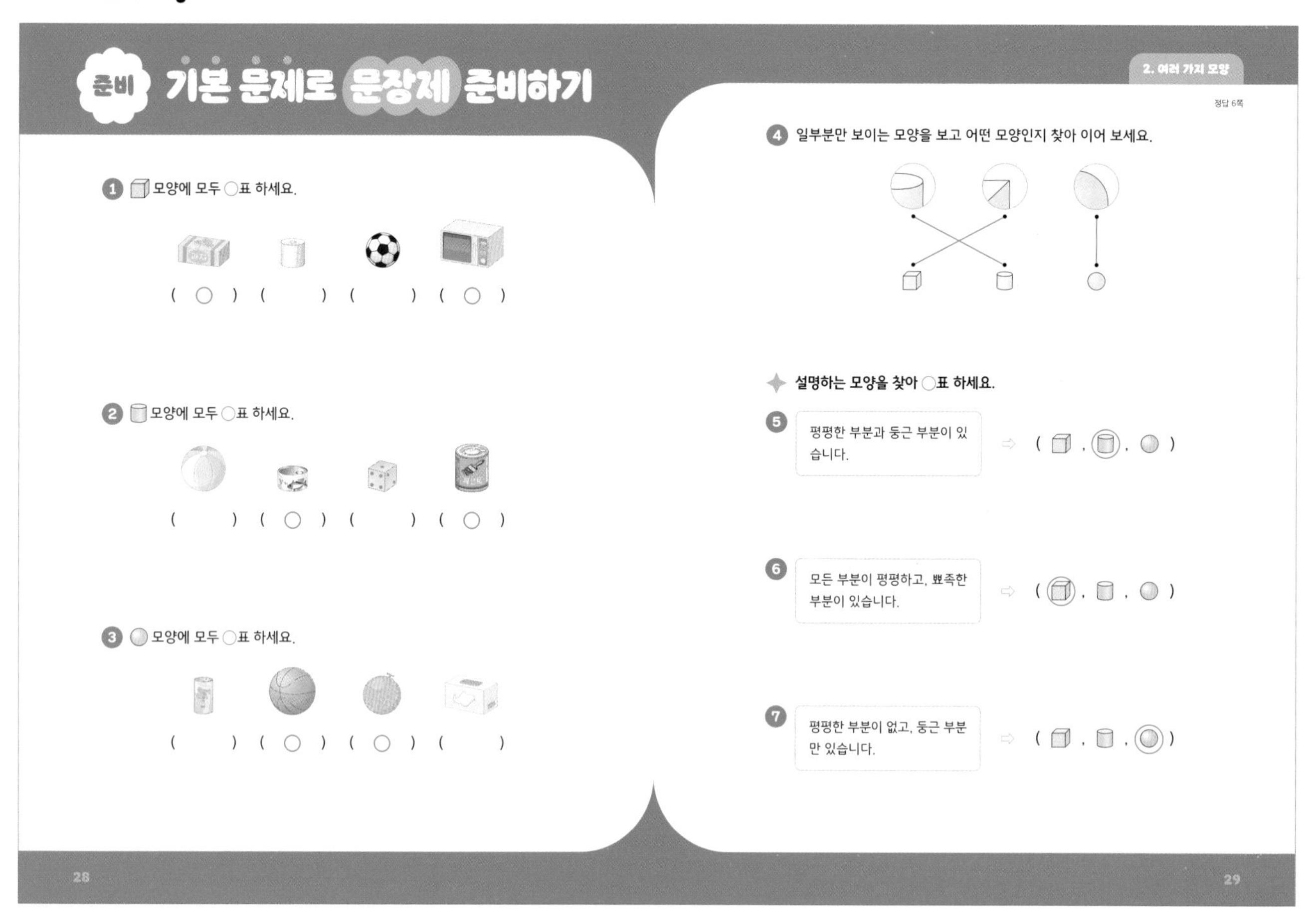

준비 기본 문제로 문장제 준비하기
1 모양에 모두 ○표 하세요.
(○) ( ) ( ) (○)
2 모양에 모두 ○표 하세요.
( ) (○) ( ) (○)
3 모양에 모두 ○표 하세요.
( ) (○) (○) ( )
28
2. 여러 가지 모양
정답 6쪽
4 일부분만 보이는 모양을 보고 어떤 모양인지 찾아 이어 보세요.
설명하는 모양을 찾아 ○표 하세요.
5 평평한 부분과 둥근 부분이 있습니다.
6 모든 부분이 평평하고, 뾰족한 부분이 있습니다.
7 평평한 부분이 없고, 둥근 부분만 있습니다.
29

30-31쪽

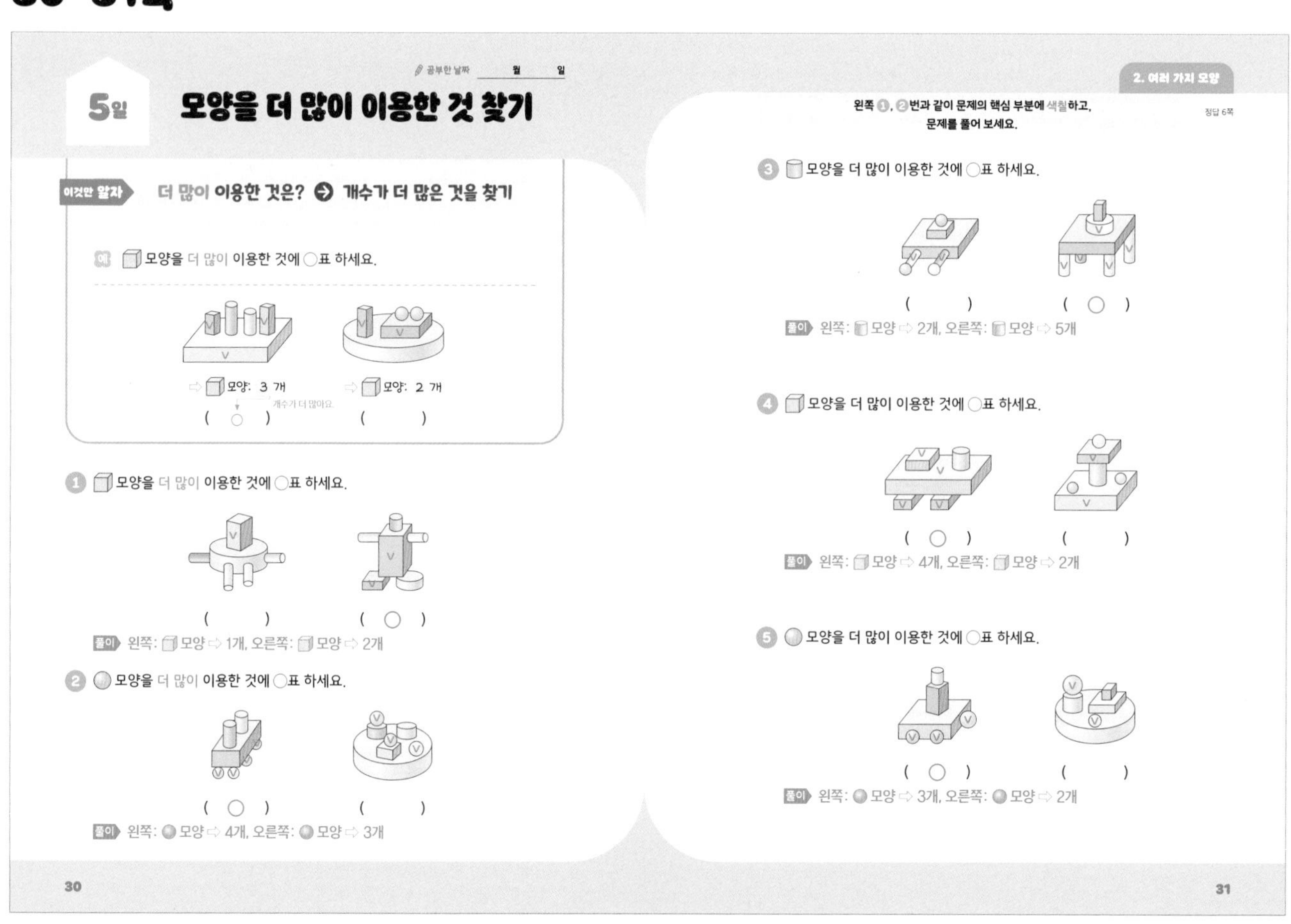

32-33쪽

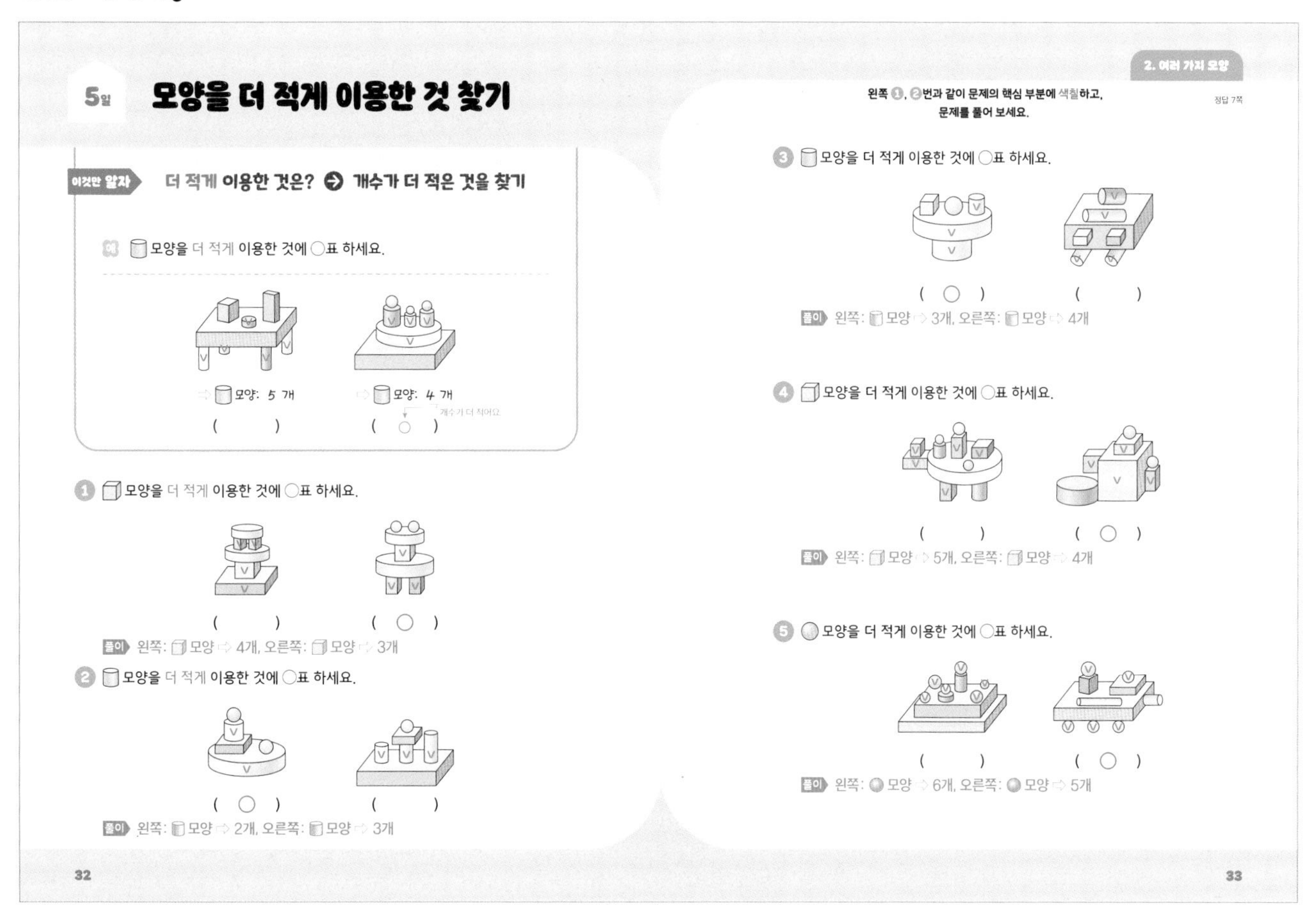

5일 모양을 더 적게 이용한 것 찾기

이것만 알자 더 적게 이용한 것은? ➔ 개수가 더 적은 것을 찾기

예 □ 모양을 더 적게 이용한 것에 ○표 하세요.

⇨ □ 모양: 5 개 ( )

⇨ □ 모양: 4 개 (○) 개수가 더 적어요.

1 □ 모양을 더 적게 이용한 것에 ○표 하세요.

( ) (○)

풀이 왼쪽: □ 모양 ⇨ 4개, 오른쪽: □ 모양 ⇨ 3개

2 □ 모양을 더 적게 이용한 것에 ○표 하세요.

(○) ( )

풀이 왼쪽: □ 모양 ⇨ 2개, 오른쪽: □ 모양 ⇨ 3개

2. 여러 가지 모양

왼쪽 1, 2번과 같이 문제의 핵심 부분에 색칠하고, 문제를 풀어 보세요.

정답 7쪽

3 □ 모양을 더 적게 이용한 것에 ○표 하세요.

(○) ( )

풀이 왼쪽: □ 모양 ⇨ 3개, 오른쪽: □ 모양 ⇨ 4개

4 □ 모양을 더 적게 이용한 것에 ○표 하세요.

( ) (○)

풀이 왼쪽: □ 모양 ⇨ 5개, 오른쪽: □ 모양 ⇨ 4개

5 ○ 모양을 더 적게 이용한 것에 ○표 하세요.

( ) (○)

풀이 왼쪽: ○ 모양 ⇨ 6개, 오른쪽: ○ 모양 ⇨ 5개

32 33

34-35쪽

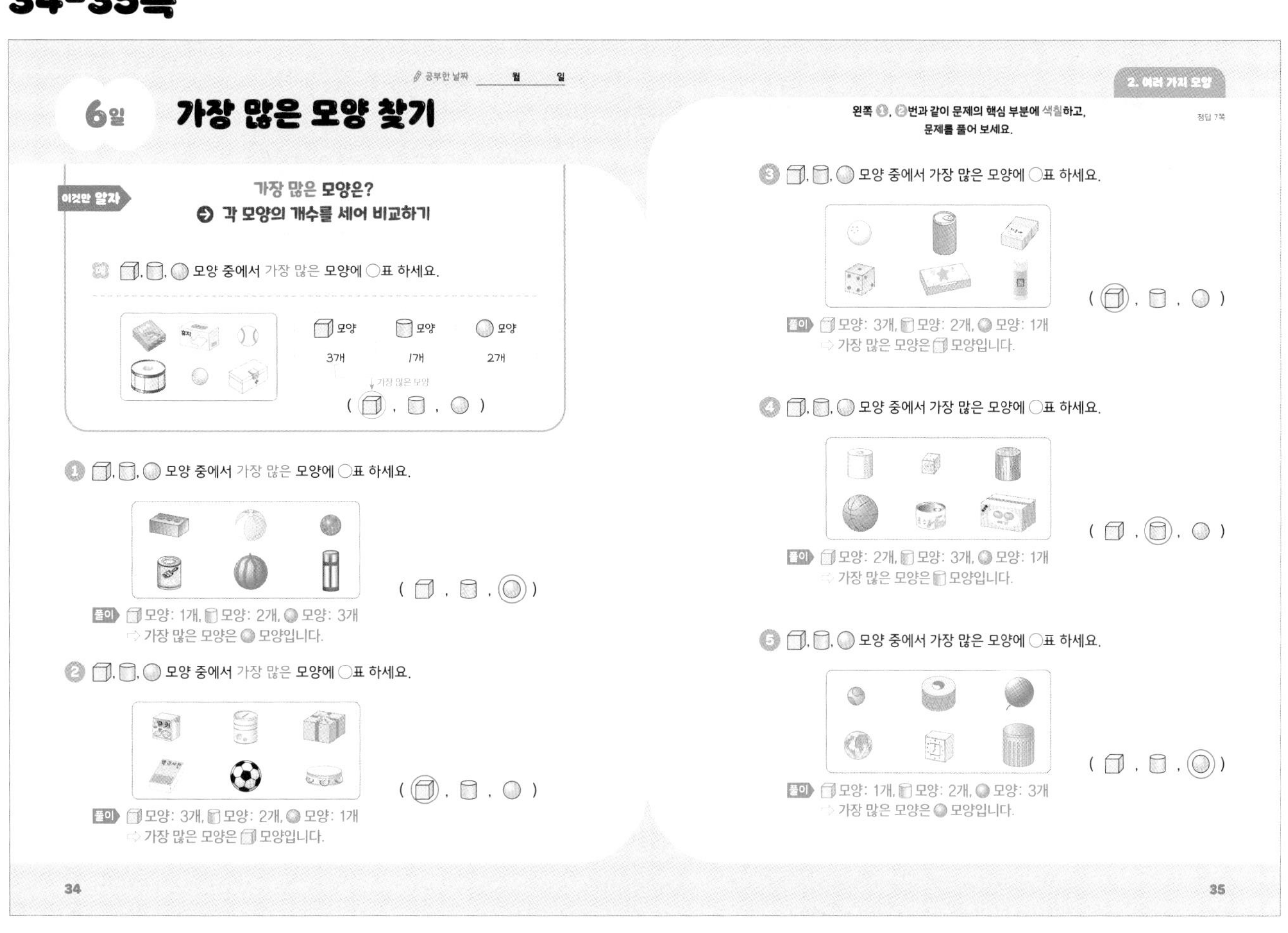

공부한 날짜 월 일

6일 가장 많은 모양 찾기

이것만 알자 가장 많은 모양은? ➔ 각 모양의 개수를 세어 비교하기

예 □, □, ○ 모양 중에서 가장 많은 모양에 ○표 하세요.

□ 모양	□ 모양	○ 모양
3개	1개	2개

가장 많은 모양 ((□) , □ , ○)

1 □, □, ○ 모양 중에서 가장 많은 모양에 ○표 하세요.

(□ , □ , (○))

풀이 □ 모양: 1개, □ 모양: 2개, ○ 모양: 3개
⇨ 가장 많은 모양은 ○ 모양입니다.

2 □, □, ○ 모양 중에서 가장 많은 모양에 ○표 하세요.

((□) , □ , ○)

풀이 □ 모양: 3개, □ 모양: 2개, ○ 모양: 1개
⇨ 가장 많은 모양은 □ 모양입니다.

2. 여러 가지 모양

왼쪽 1, 2번과 같이 문제의 핵심 부분에 색칠하고, 문제를 풀어 보세요.

정답 7쪽

3 □, □, ○ 모양 중에서 가장 많은 모양에 ○표 하세요.

((□) , □ , ○)

풀이 □ 모양: 3개, □ 모양: 2개, ○ 모양: 1개
⇨ 가장 많은 모양은 □ 모양입니다.

4 □, □, ○ 모양 중에서 가장 많은 모양에 ○표 하세요.

(□ , (□) , ○)

풀이 □ 모양: 2개, □ 모양: 3개, ○ 모양: 1개
⇨ 가장 많은 모양은 □ 모양입니다.

5 □, □, ○ 모양 중에서 가장 많은 모양에 ○표 하세요.

(□ , □ , (○))

풀이 □ 모양: 1개, □ 모양: 2개, ○ 모양: 3개
⇨ 가장 많은 모양은 ○ 모양입니다.

34 35

2 여러 가지 모양

36-37쪽

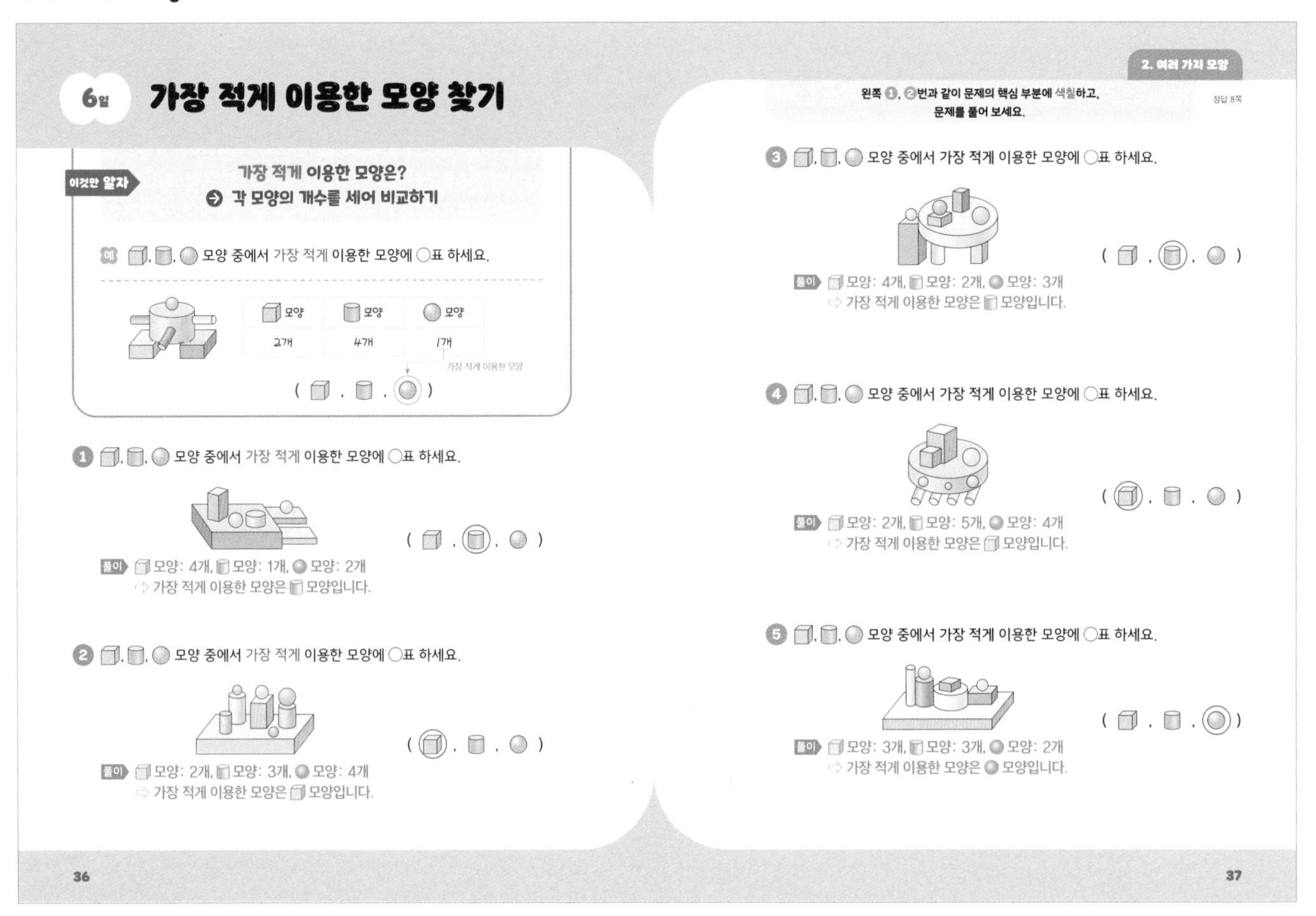

6일 가장 적게 이용한 모양 찾기

2. 여러 가지 모양

이것만 알자 가장 적게 이용한 모양은?
→ 각 모양의 개수를 세어 비교하기

예 모양 중에서 가장 적게 이용한 모양에 ○표 하세요.

모양	모양	모양
2개	4개	1개

가장 적게 이용한 모양

1 모양 중에서 가장 적게 이용한 모양에 ○표 하세요.
풀이 모양: 4개, 모양: 1개, 모양: 2개
⇨ 가장 적게 이용한 모양은 모양입니다.

2 모양 중에서 가장 적게 이용한 모양에 ○표 하세요.
풀이 모양: 2개, 모양: 3개, 모양: 4개
⇨ 가장 적게 이용한 모양은 모양입니다.

왼쪽 1, 2번과 같이 문제의 핵심 부분에 색칠하고, 문제를 풀어 보세요. 정답 8쪽

3 모양 중에서 가장 적게 이용한 모양에 ○표 하세요.
풀이 모양: 4개, 모양: 2개, 모양: 3개
⇨ 가장 적게 이용한 모양은 모양입니다.

4 모양 중에서 가장 적게 이용한 모양에 ○표 하세요.
풀이 모양: 2개, 모양: 5개, 모양: 4개
⇨ 가장 적게 이용한 모양은 모양입니다.

5 모양 중에서 가장 적게 이용한 모양에 ○표 하세요.
풀이 모양: 3개, 모양: 3개, 모양: 2개
⇨ 가장 적게 이용한 모양은 모양입니다.

36 37

38-39쪽

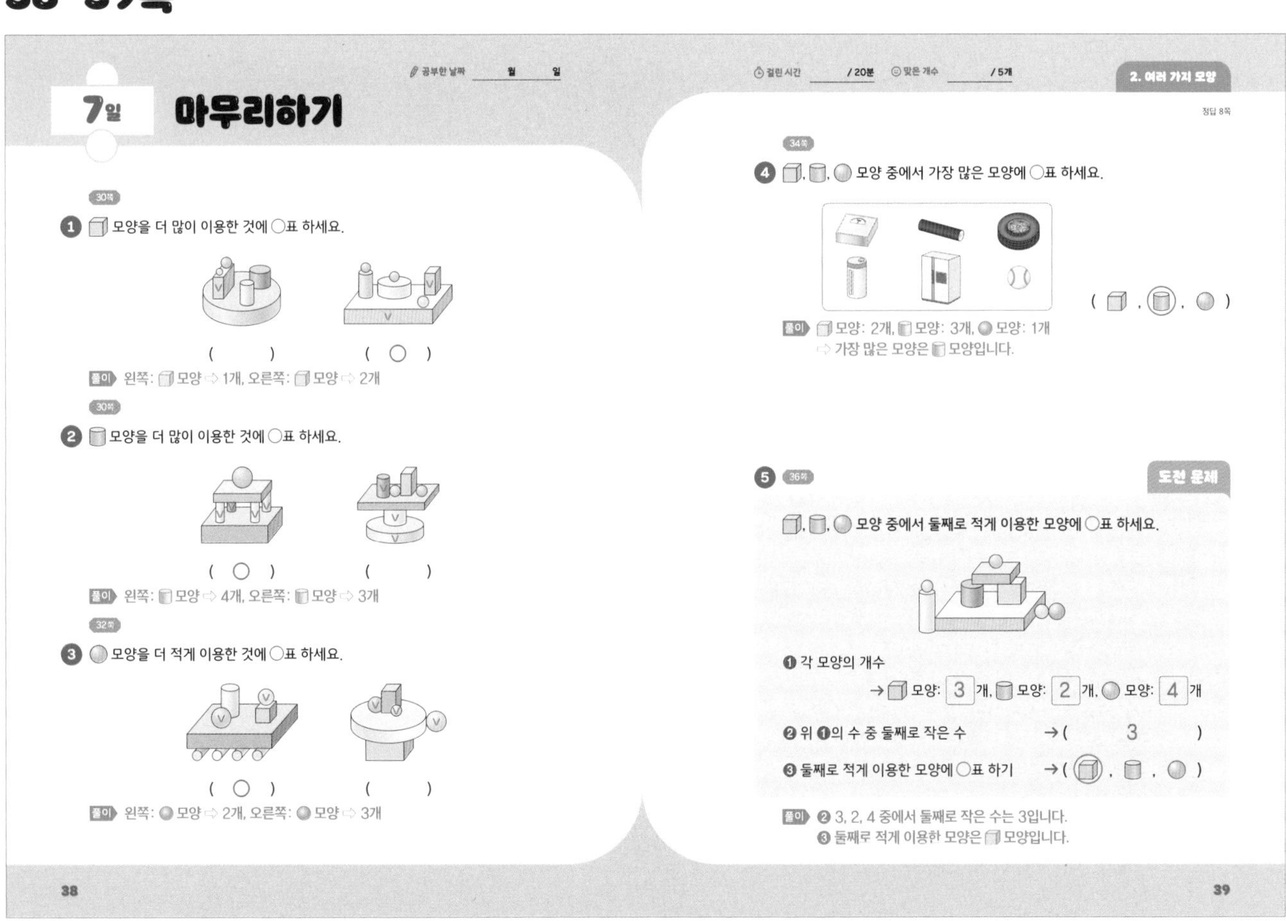

7일 마무리하기

공부한 날짜 월 일 걸린 시간 /20분 맞은 개수 /5개

2. 여러 가지 모양 정답 8쪽

30쪽
1 모양을 더 많이 이용한 것에 ○표 하세요.
( ) (○)
풀이 왼쪽: 모양 ⇨ 1개, 오른쪽: 모양 ⇨ 2개

30쪽
2 모양을 더 많이 이용한 것에 ○표 하세요.
(○) ( )
풀이 왼쪽: 모양 ⇨ 4개, 오른쪽: 모양 ⇨ 3개

32쪽
3 모양을 더 적게 이용한 것에 ○표 하세요.
(○) ( )
풀이 왼쪽: 모양 ⇨ 2개, 오른쪽: 모양 ⇨ 3개

34쪽
4 모양 중에서 가장 많은 모양에 ○표 하세요.
풀이 모양: 2개, 모양: 3개, 모양: 1개
⇨ 가장 많은 모양은 모양입니다.

5 36쪽 도전 문제
모양 중에서 둘째로 적게 이용한 모양에 ○표 하세요.
❶ 각 모양의 개수
→ 모양: 3 개, 모양: 2 개, 모양: 4 개
❷ 위 ❶의 수 중 둘째로 작은 수 → (3)
❸ 둘째로 적게 이용한 모양에 ○표 하기
풀이 ❷ 3, 2, 4 중에서 둘째로 작은 수는 3입니다.
❸ 둘째로 적게 이용한 모양은 모양입니다.

38 39

3 덧셈과 뺄셈

42-43쪽

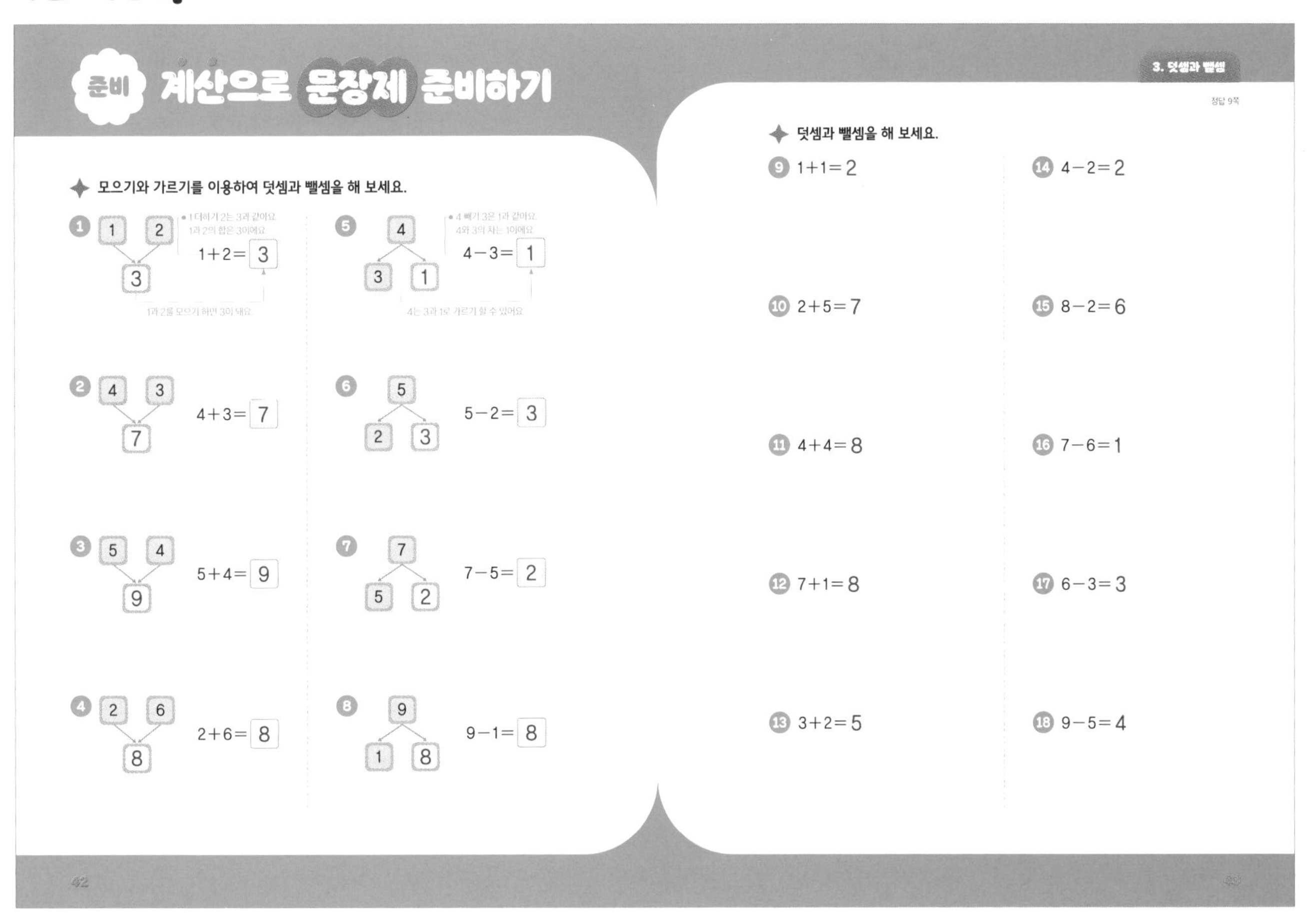

준비 계산으로 문장제 준비하기

3. 덧셈과 뺄셈

정답 9쪽

✦ 모으기와 가르기를 이용하여 덧셈과 뺄셈을 해 보세요.

① 1, 2 → 3 　 1+2=3

② 4, 3 → 7 　 4+3=7

③ 5, 4 → 9 　 5+4=9

④ 2, 6 → 8 　 2+6=8

⑤ 4 → 3, 1 　 4−3=1

⑥ 5 → 2, 3 　 5−2=3

⑦ 7 → 5, 2 　 7−5=2

⑧ 9 → 1, 8 　 9−1=8

✦ 덧셈과 뺄셈을 해 보세요.

⑨ 1+1=2

⑩ 2+5=7

⑪ 4+4=8

⑫ 7+1=8

⑬ 3+2=5

⑭ 4−2=2

⑮ 8−2=6

⑯ 7−6=1

⑰ 6−3=3

⑱ 9−5=4

44-45쪽

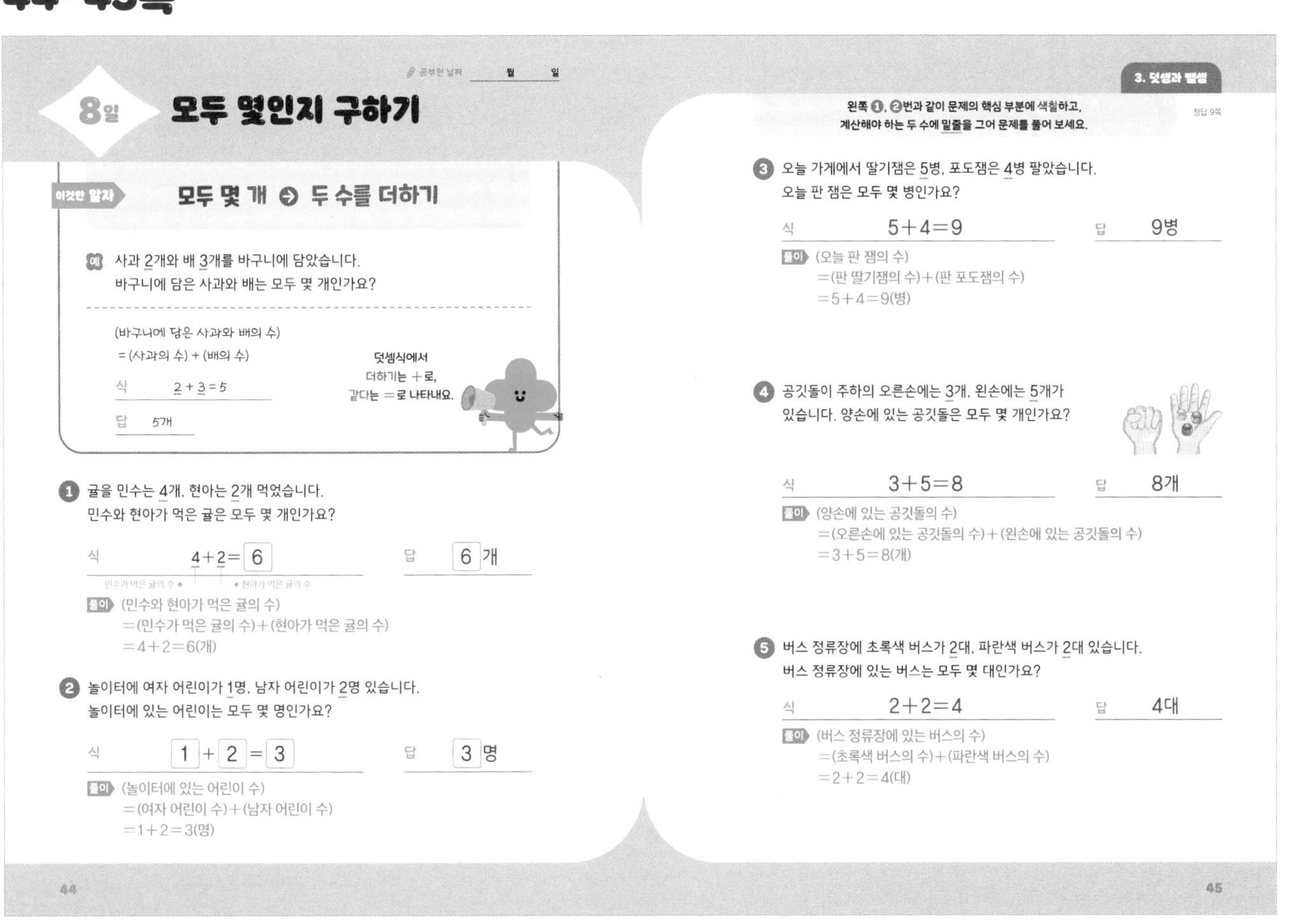

8일 모두 몇인지 구하기

3. 덧셈과 뺄셈

정답 9쪽

이것만 알자 모두 몇 개 ➔ 두 수를 더하기

예 사과 2개와 배 3개를 바구니에 담았습니다.
바구니에 담은 사과와 배는 모두 몇 개인가요?

(바구니에 담은 사과와 배의 수)
=(사과의 수)+(배의 수)

식 2+3=5

답 5개

덧셈식에서 더하기는 +로, 같다는 =로 나타내요.

① 귤을 민수는 4개, 현아는 2개 먹었습니다.
민수와 현아가 먹은 귤은 모두 몇 개인가요?

식 4+2=6 　 답 6개

풀이 (민수와 현아가 먹은 귤의 수)
=(민수가 먹은 귤의 수)+(현아가 먹은 귤의 수)
=4+2=6(개)

② 놀이터에 여자 어린이가 1명, 남자 어린이가 2명 있습니다.
놀이터에 있는 어린이는 모두 몇 명인가요?

식 1+2=3 　 답 3명

풀이 (놀이터에 있는 어린이 수)
=(여자 어린이 수)+(남자 어린이 수)
=1+2=3(명)

왼쪽 ①, ②번과 같이 문제의 핵심 부분에 색칠하고, 계산해야 하는 두 수에 밑줄을 그어 문제를 풀어 보세요.

③ 오늘 가게에서 딸기잼은 5병, 포도잼은 4병 팔았습니다.
오늘 판 잼은 모두 몇 병인가요?

식 5+4=9 　 답 9병

풀이 (오늘 판 잼의 수)
=(판 딸기잼의 수)+(판 포도잼의 수)
=5+4=9(병)

④ 공깃돌이 주하의 오른손에는 3개, 왼손에는 5개가 있습니다. 양손에 있는 공깃돌은 모두 몇 개인가요?

식 3+5=8 　 답 8개

풀이 (양손에 있는 공깃돌의 수)
=(오른손에 있는 공깃돌의 수)+(왼손에 있는 공깃돌의 수)
=3+5=8(개)

⑤ 버스 정류장에 초록색 버스가 2대, 파란색 버스가 2대 있습니다.
버스 정류장에 있는 버스는 모두 몇 대인가요?

식 2+2=4 　 답 4대

풀이 (버스 정류장에 있는 버스의 수)
=(초록색 버스의 수)+(파란색 버스의 수)
=2+2=4(대)

3 덧셈과 뺄셈

46-47쪽

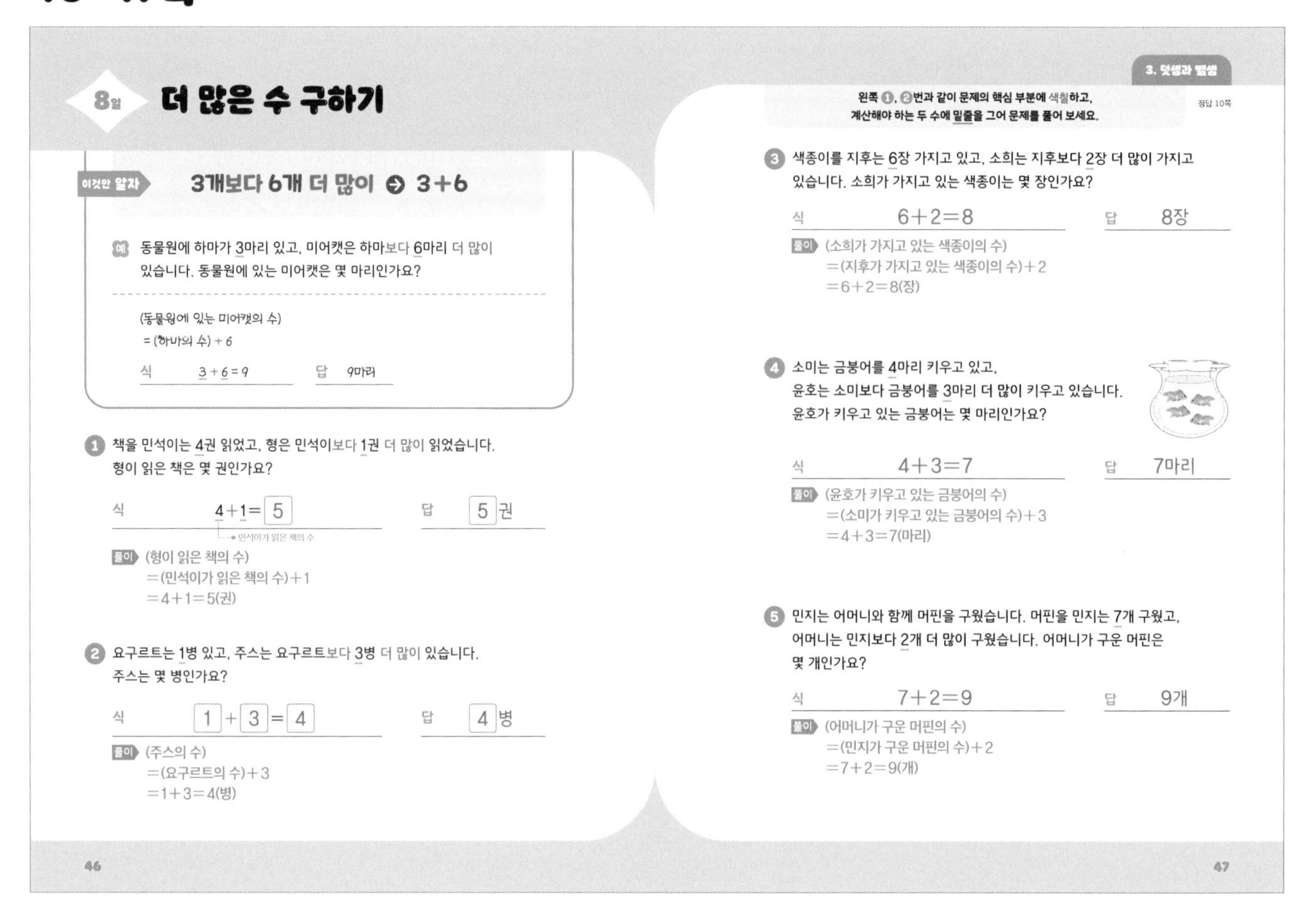

8일 **더 많은 수 구하기**

이것만 알자 3개보다 6개 더 많이 ➔ 3+6

예 동물원에 하마가 3마리 있고, 미어캣은 하마보다 6마리 더 많이 있습니다. 동물원에 있는 미어캣은 몇 마리인가요?

(동물원에 있는 미어캣의 수)
=(하마의 수)+6

식 3+6=9 답 9마리

1 책을 민석이는 4권 읽었고, 형은 민석이보다 1권 더 많이 읽었습니다. 형이 읽은 책은 몇 권인가요?

식 4+1=5 (민석이가 읽은 책의 수) 답 5권

풀이 (형이 읽은 책의 수)
=(민석이가 읽은 책의 수)+1
=4+1=5(권)

2 요구르트는 1병 있고, 주스는 요구르트보다 3병 더 많이 있습니다. 주스는 몇 병인가요?

식 1+3=4 답 4병

풀이 (주스의 수)
=(요구르트의 수)+3
=1+3=4(병)

왼쪽 1, 2번과 같이 문제의 핵심 부분에 색칠하고, 계산해야 하는 두 수에 밑줄을 그어 문제를 풀어 보세요.

정답 10쪽

3 색종이를 지후는 6장 가지고 있고, 소희는 지후보다 2장 더 많이 가지고 있습니다. 소희가 가지고 있는 색종이는 몇 장인가요?

식 6+2=8 답 8장

풀이 (소희가 가지고 있는 색종이의 수)
=(지후가 가지고 있는 색종이의 수)+2
=6+2=8(장)

4 소미는 금붕어를 4마리 키우고 있고, 윤호는 소미보다 금붕어를 3마리 더 많이 키우고 있습니다. 윤호가 키우고 있는 금붕어는 몇 마리인가요?

식 4+3=7 답 7마리

풀이 (윤호가 키우고 있는 금붕어의 수)
=(소미가 키우고 있는 금붕어의 수)+3
=4+3=7(마리)

5 민지는 어머니와 함께 머핀을 구웠습니다. 머핀을 민지는 7개 구웠고, 어머니는 민지보다 2개 더 많이 구웠습니다. 어머니가 구운 머핀은 몇 개인가요?

식 7+2=9 답 9개

풀이 (어머니가 구운 머핀의 수)
=(민지가 구운 머핀의 수)+2
=7+2=9(개)

46 47

48-49쪽

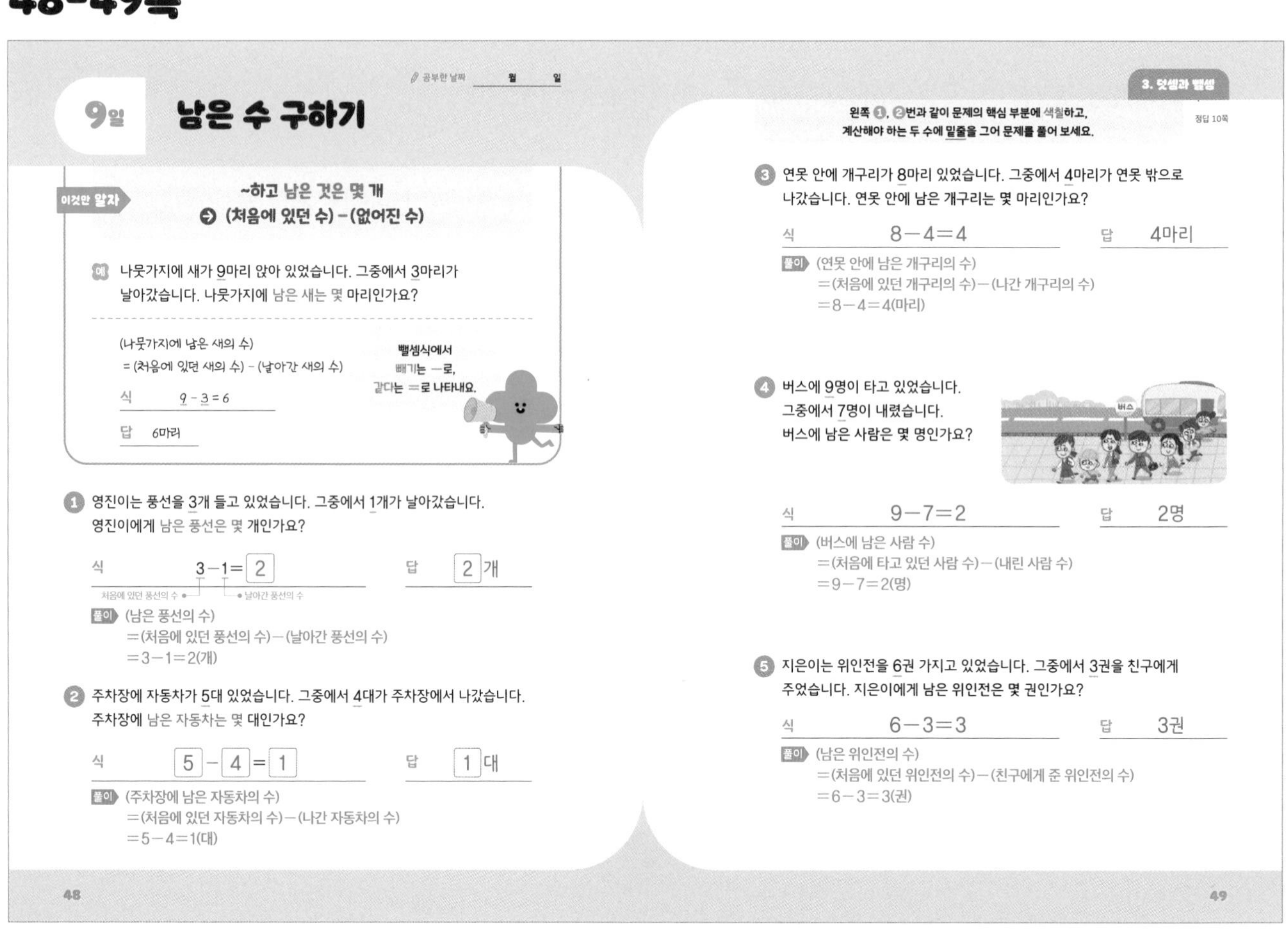

공부한 날짜 월 일

9일 **남은 수 구하기**

이것만 알자 ~하고 남은 것은 몇 개 ➔ (처음에 있던 수)−(없어진 수)

예 나뭇가지에 새가 9마리 앉아 있었습니다. 그중에서 3마리가 날아갔습니다. 나뭇가지에 남은 새는 몇 마리인가요?

(나뭇가지에 남은 새의 수)
=(처음에 있던 새의 수)−(날아간 새의 수)

식 9−3=6

답 6마리

1 영진이는 풍선을 3개 들고 있었습니다. 그중에서 1개가 날아갔습니다. 영진이에게 남은 풍선은 몇 개인가요?

식 3−1=2 (처음에 있던 풍선의 수, 날아간 풍선의 수) 답 2개

풀이 (남은 풍선의 수)
=(처음에 있던 풍선의 수)−(날아간 풍선의 수)
=3−1=2(개)

2 주차장에 자동차가 5대 있었습니다. 그중에서 4대가 주차장에서 나갔습니다. 주차장에 남은 자동차는 몇 대인가요?

식 5−4=1 답 1대

풀이 (주차장에 남은 자동차의 수)
=(처음에 있던 자동차의 수)−(나간 자동차의 수)
=5−4=1(대)

왼쪽 1, 2번과 같이 문제의 핵심 부분에 색칠하고, 계산해야 하는 두 수에 밑줄을 그어 문제를 풀어 보세요.

정답 10쪽

3 연못 안에 개구리가 8마리 있었습니다. 그중에서 4마리가 연못 밖으로 나갔습니다. 연못 안에 남은 개구리는 몇 마리인가요?

식 8−4=4 답 4마리

풀이 (연못 안에 남은 개구리의 수)
=(처음에 있던 개구리의 수)−(나간 개구리의 수)
=8−4=4(마리)

4 버스에 9명이 타고 있었습니다. 그중에서 7명이 내렸습니다. 버스에 남은 사람은 몇 명인가요?

식 9−7=2 답 2명

풀이 (버스에 남은 사람 수)
=(처음에 타고 있던 사람 수)−(내린 사람 수)
=9−7=2(명)

5 지은이는 위인전을 6권 가지고 있었습니다. 그중에서 3권을 친구에게 주었습니다. 지은이에게 남은 위인전은 몇 권인가요?

식 6−3=3 답 3권

풀이 (남은 위인전의 수)
=(처음에 있던 위인전의 수)−(친구에게 준 위인전의 수)
=6−3=3(권)

48 49

50-51쪽

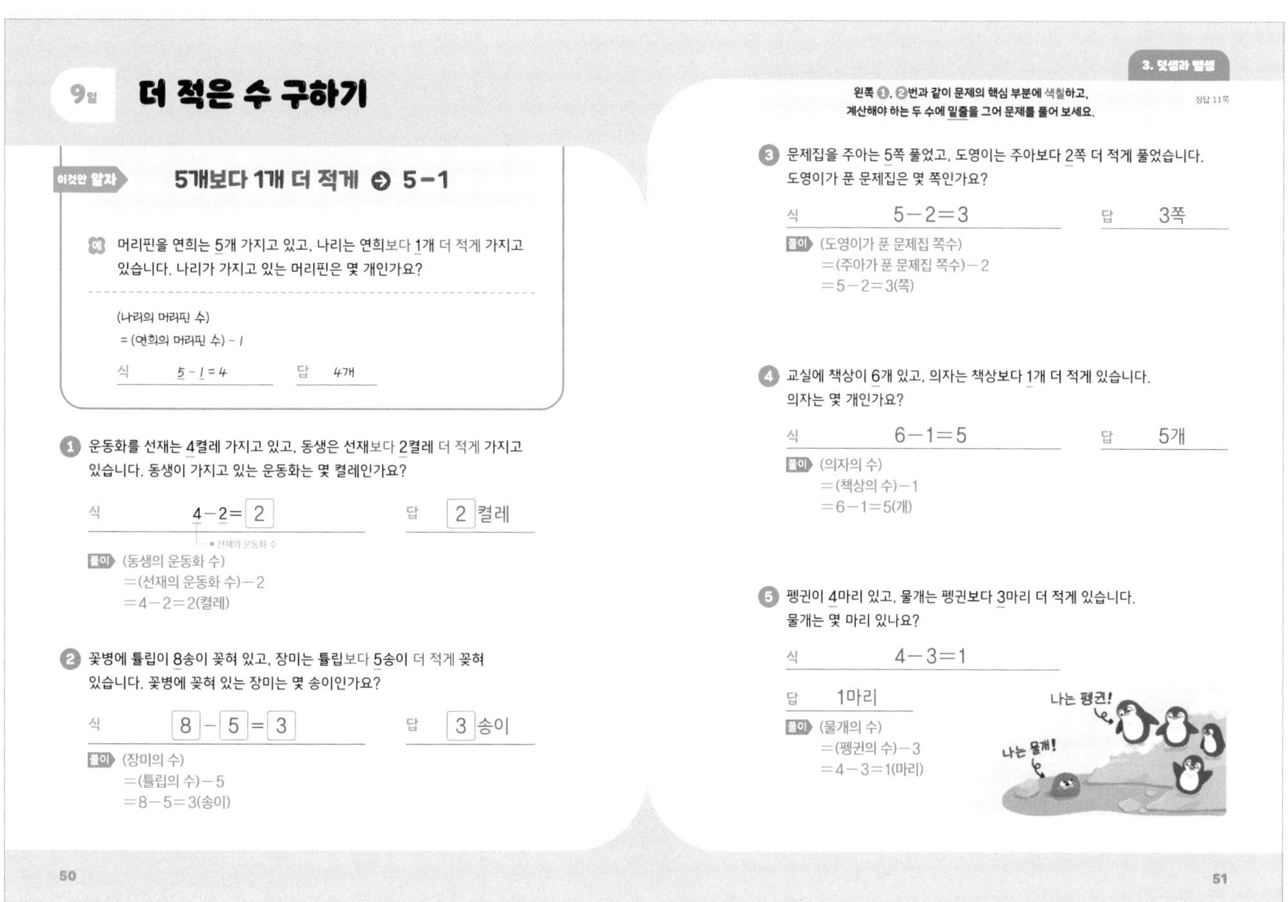

9일 더 적은 수 구하기

이것만 알자 5개보다 1개 더 적게 ➔ 5−1

예 머리핀을 연희는 5개 가지고 있고, 나리는 연희보다 1개 더 적게 가지고 있습니다. 나리가 가지고 있는 머리핀은 몇 개인가요?

(나리의 머리핀 수)
=(연희의 머리핀 수)−1

식 5−1=4 답 4개

1 운동화를 선재는 4켤레 가지고 있고, 동생은 선재보다 2켤레 더 적게 가지고 있습니다. 동생이 가지고 있는 운동화는 몇 켤레인가요?

식 4−2=2 답 2켤레

선재의 운동화 수

풀이 (동생의 운동화 수)
=(선재의 운동화 수)−2
=4−2=2(켤레)

2 꽃병에 튤립이 8송이 꽂혀 있고, 장미는 튤립보다 5송이 더 적게 꽂혀 있습니다. 꽃병에 꽂혀 있는 장미는 몇 송이인가요?

식 8−5=3 답 3송이

풀이 (장미의 수)
=(튤립의 수)−5
=8−5=3(송이)

3. 덧셈과 뺄셈

왼쪽 1, 2번과 같이 문제의 핵심 부분에 색칠하고, 계산해야 하는 두 수에 밑줄을 그어 문제를 풀어 보세요.

정답 11쪽

3 문제집을 주아는 5쪽 풀었고, 도영이는 주아보다 2쪽 더 적게 풀었습니다. 도영이가 푼 문제집은 몇 쪽인가요?

식 5−2=3 답 3쪽

풀이 (도영이가 푼 문제집 쪽수)
=(주아가 푼 문제집 쪽수)−2
=5−2=3(쪽)

4 교실에 책상이 6개 있고, 의자는 책상보다 1개 더 적게 있습니다. 의자는 몇 개인가요?

식 6−1=5 답 5개

풀이 (의자의 수)
=(책상의 수)−1
=6−1=5(개)

5 펭귄이 4마리 있고, 물개는 펭귄보다 3마리 더 적게 있습니다. 물개는 몇 마리 있나요?

식 4−3=1

답 1마리

풀이 (물개의 수)
=(펭귄의 수)−3
=4−3=1(마리)

50 51

52-53쪽

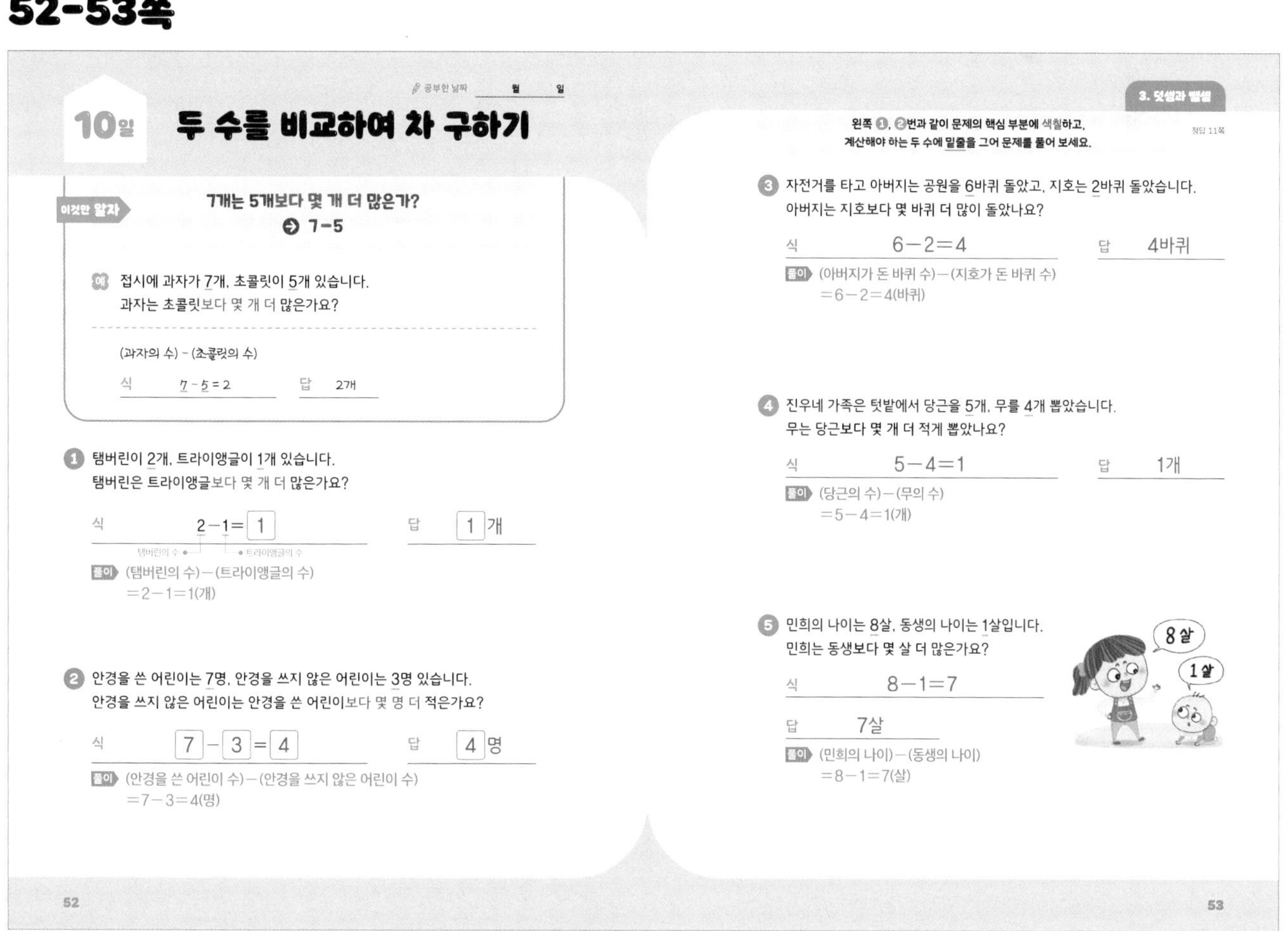

공부한 날짜 월 일

10일 두 수를 비교하여 차 구하기

이것만 알자 7개는 5개보다 몇 개 더 많은가? ➔ 7−5

예 접시에 과자가 7개, 초콜릿이 5개 있습니다. 과자는 초콜릿보다 몇 개 더 많은가요?

(과자의 수)−(초콜릿의 수)

식 7−5=2 답 2개

1 탬버린이 2개, 트라이앵글이 1개 있습니다. 탬버린은 트라이앵글보다 몇 개 더 많은가요?

식 2−1=1 답 1개

탬버린의 수 트라이앵글의 수

풀이 (탬버린의 수)−(트라이앵글의 수)
=2−1=1(개)

2 안경을 쓴 어린이는 7명, 안경을 쓰지 않은 어린이는 3명 있습니다. 안경을 쓰지 않은 어린이는 안경을 쓴 어린이보다 몇 명 더 적은가요?

식 7−3=4 답 4명

풀이 (안경을 쓴 어린이 수)−(안경을 쓰지 않은 어린이 수)
=7−3=4(명)

3. 덧셈과 뺄셈

왼쪽 1, 2번과 같이 문제의 핵심 부분에 색칠하고, 계산해야 하는 두 수에 밑줄을 그어 문제를 풀어 보세요.

정답 11쪽

3 자전거를 타고 아버지는 공원을 6바퀴 돌았고, 지호는 2바퀴 돌았습니다. 아버지는 지호보다 몇 바퀴 더 많이 돌았나요?

식 6−2=4 답 4바퀴

풀이 (아버지가 돈 바퀴 수)−(지호가 돈 바퀴 수)
=6−2=4(바퀴)

4 진우네 가족은 텃밭에서 당근을 5개, 무를 4개 뽑았습니다. 무는 당근보다 몇 개 더 적게 뽑았나요?

식 5−4=1 답 1개

풀이 (당근의 수)−(무의 수)
=5−4=1(개)

5 민희의 나이는 8살, 동생의 나이는 1살입니다. 민희는 동생보다 몇 살 더 많은가요?

식 8−1=7

답 7살

풀이 (민희의 나이)−(동생의 나이)
=8−1=7(살)

52 53

3 덧셈과 뺄셈

54-55쪽

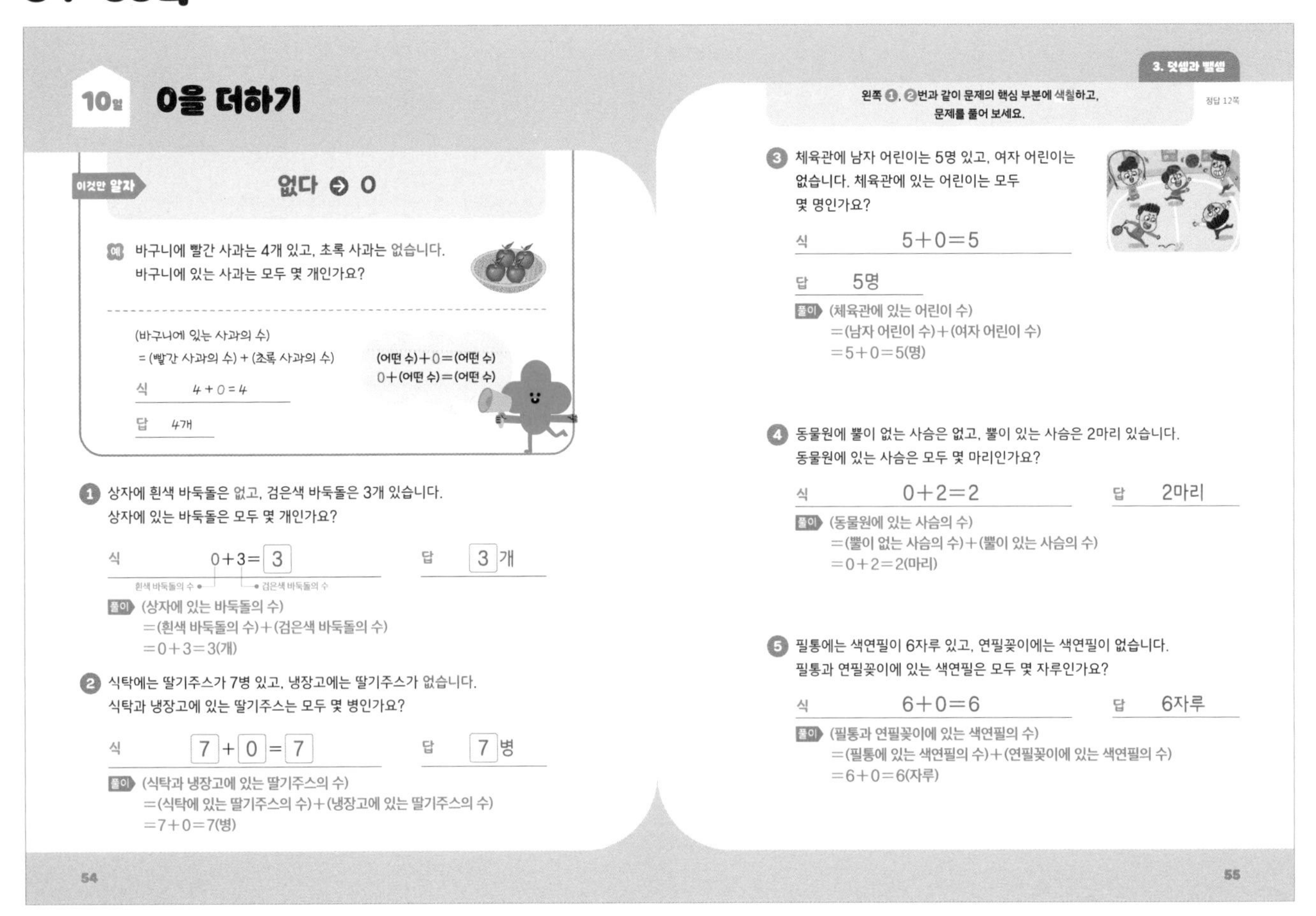

3. 덧셈과 뺄셈

10일 0을 더하기

이것만 알자 없다 ➔ 0

예 바구니에 빨간 사과는 4개 있고, 초록 사과는 없습니다.
바구니에 있는 사과는 모두 몇 개인가요?

(바구니에 있는 사과의 수)
=(빨간 사과의 수)+(초록 사과의 수)
식 4+0=4
답 4개

(어떤 수)+0=(어떤 수)
0+(어떤 수)=(어떤 수)

1 상자에 흰색 바둑돌은 없고, 검은색 바둑돌은 3개 있습니다.
상자에 있는 바둑돌은 모두 몇 개인가요?

식 0+3=3 (흰색 바둑돌의 수, 검은색 바둑돌의 수) 답 3개

풀이 (상자에 있는 바둑돌의 수)
=(흰색 바둑돌의 수)+(검은색 바둑돌의 수)
=0+3=3(개)

2 식탁에는 딸기주스가 7병 있고, 냉장고에는 딸기주스가 없습니다.
식탁과 냉장고에 있는 딸기주스는 모두 몇 병인가요?

식 7+0=7 답 7병

풀이 (식탁과 냉장고에 있는 딸기주스의 수)
=(식탁에 있는 딸기주스의 수)+(냉장고에 있는 딸기주스의 수)
=7+0=7(병)

왼쪽 1, 2번과 같이 문제의 핵심 부분에 색칠하고, 문제를 풀어 보세요.

정답 12쪽

3 체육관에 남자 어린이는 5명 있고, 여자 어린이는 없습니다. 체육관에 있는 어린이는 모두 몇 명인가요?

식 5+0=5
답 5명

풀이 (체육관에 있는 어린이 수)
=(남자 어린이 수)+(여자 어린이 수)
=5+0=5(명)

4 동물원에 뿔이 없는 사슴은 없고, 뿔이 있는 사슴은 2마리 있습니다.
동물원에 있는 사슴은 모두 몇 마리인가요?

식 0+2=2 답 2마리

풀이 (동물원에 있는 사슴의 수)
=(뿔이 없는 사슴의 수)+(뿔이 있는 사슴의 수)
=0+2=2(마리)

5 필통에는 색연필이 6자루 있고, 연필꽂이에는 색연필이 없습니다.
필통과 연필꽂이에 있는 색연필은 모두 몇 자루인가요?

식 6+0=6 답 6자루

풀이 (필통과 연필꽂이에 있는 색연필의 수)
=(필통에 있는 색연필의 수)+(연필꽂이에 있는 색연필의 수)
=6+0=6(자루)

54 55

56-57쪽

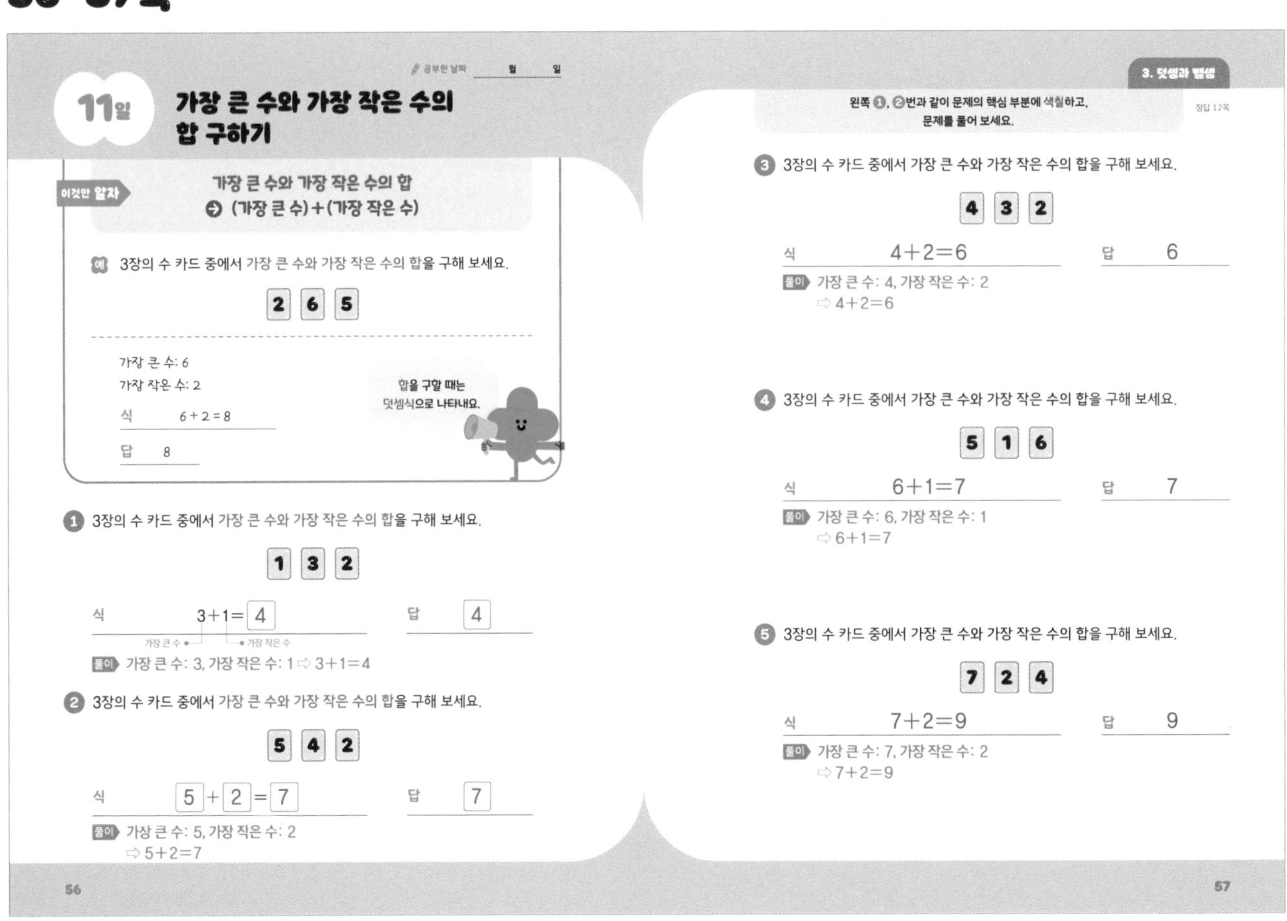

공부한 날짜 월 일

3. 덧셈과 뺄셈

11일 가장 큰 수와 가장 작은 수의 합 구하기

이것만 알자 가장 큰 수와 가장 작은 수의 합
➔ (가장 큰 수)+(가장 작은 수)

예 3장의 수 카드 중에서 가장 큰 수와 가장 작은 수의 합을 구해 보세요.

2 6 5

가장 큰 수: 6
가장 작은 수: 2
식 6+2=8
답 8

합을 구할 때는 덧셈식으로 나타내요.

1 3장의 수 카드 중에서 가장 큰 수와 가장 작은 수의 합을 구해 보세요.

1 3 2

식 3+1=4 (가장 큰 수, 가장 작은 수) 답 4

풀이 가장 큰 수: 3, 가장 작은 수: 1 ⇨ 3+1=4

2 3장의 수 카드 중에서 가장 큰 수와 가장 작은 수의 합을 구해 보세요.

5 4 2

식 5+2=7 답 7

풀이 가장 큰 수: 5, 가장 작은 수: 2
⇨ 5+2=7

왼쪽 1, 2번과 같이 문제의 핵심 부분에 색칠하고, 문제를 풀어 보세요.

정답 12쪽

3 3장의 수 카드 중에서 가장 큰 수와 가장 작은 수의 합을 구해 보세요.

4 3 2

식 4+2=6 답 6

풀이 가장 큰 수: 4, 가장 작은 수: 2
⇨ 4+2=6

4 3장의 수 카드 중에서 가장 큰 수와 가장 작은 수의 합을 구해 보세요.

5 1 6

식 6+1=7 답 7

풀이 가장 큰 수: 6, 가장 작은 수: 1
⇨ 6+1=7

5 3장의 수 카드 중에서 가장 큰 수와 가장 작은 수의 합을 구해 보세요.

7 2 4

식 7+2=9 답 9

풀이 가장 큰 수: 7, 가장 작은 수: 2
⇨ 7+2=9

56 57

58-59쪽

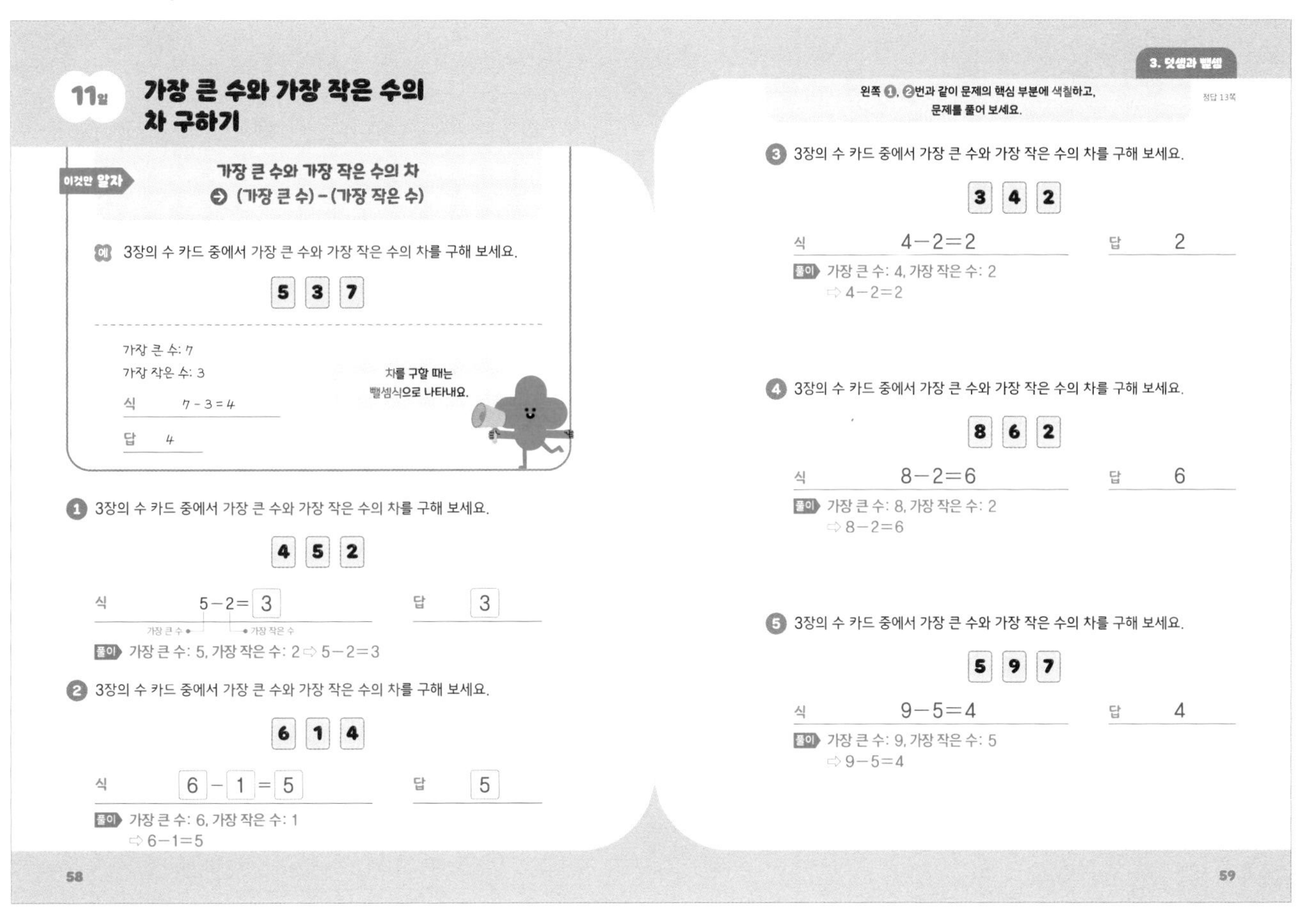
11일 가장 큰 수와 가장 작은 수의 차 구하기

3. 덧셈과 뺄셈

이것만 알자

가장 큰 수와 가장 작은 수의 차
➔ (가장 큰 수)-(가장 작은 수)

예 3장의 수 카드 중에서 가장 큰 수와 가장 작은 수의 차를 구해 보세요.

5 3 7

가장 큰 수: 7
가장 작은 수: 3
식 7-3=4
답 4

차를 구할 때는 뺄셈식으로 나타내요.

① 3장의 수 카드 중에서 가장 큰 수와 가장 작은 수의 차를 구해 보세요.

4 5 2

식 5-2= 3 답 3

풀이 가장 큰 수: 5, 가장 작은 수: 2 ⇨ $5-2=3$

② 3장의 수 카드 중에서 가장 큰 수와 가장 작은 수의 차를 구해 보세요.

6 1 4

식 6 - 1 = 5 답 5

풀이 가장 큰 수: 6, 가장 작은 수: 1
⇨ $6-1=5$

왼쪽 ①, ②번과 같이 문제의 핵심 부분에 색칠하고, 문제를 풀어 보세요.

정답 13쪽

③ 3장의 수 카드 중에서 가장 큰 수와 가장 작은 수의 차를 구해 보세요.

3 4 2

식 $4-2=2$ 답 2

풀이 가장 큰 수: 4, 가장 작은 수: 2
⇨ $4-2=2$

④ 3장의 수 카드 중에서 가장 큰 수와 가장 작은 수의 차를 구해 보세요.

8 6 2

식 $8-2=6$ 답 6

풀이 가장 큰 수: 8, 가장 작은 수: 2
⇨ $8-2=6$

⑤ 3장의 수 카드 중에서 가장 큰 수와 가장 작은 수의 차를 구해 보세요.

5 9 7

식 $9-5=4$ 답 4

풀이 가장 큰 수: 9, 가장 작은 수: 5
⇨ $9-5=4$

58 59

60-61쪽

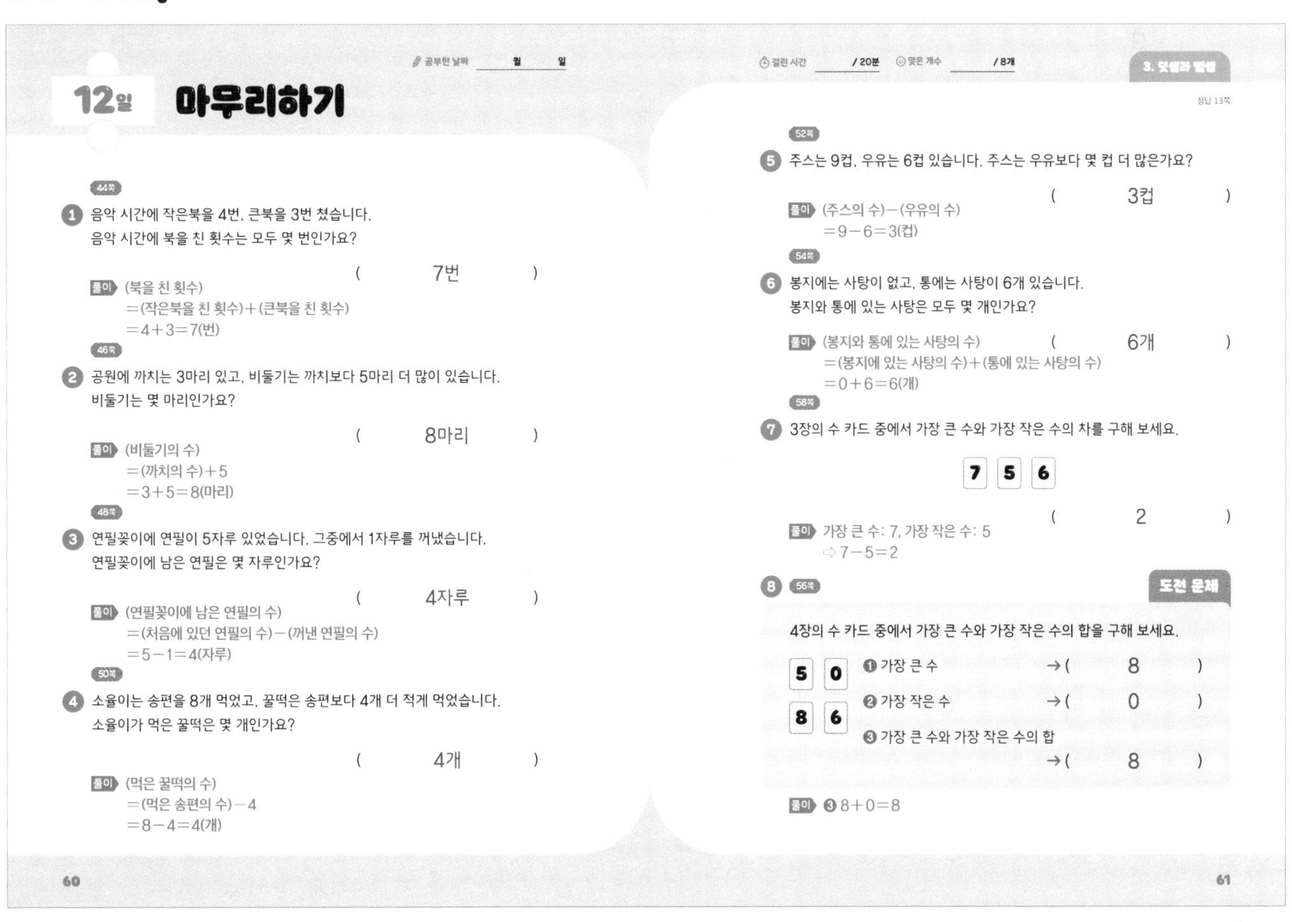
12일 마무리하기

공부한 날짜 월 일 걸린 시간 / 20분 맞은 개수 / 8개

3. 덧셈과 뺄셈

정답 13쪽

44쪽
① 음악 시간에 작은북을 4번, 큰북을 3번 쳤습니다.
음악 시간에 북을 친 횟수는 모두 몇 번인가요?
(7번)

풀이 (북을 친 횟수)
=(작은북을 친 횟수)+(큰북을 친 횟수)
$=4+3=7$(번)

46쪽
② 공원에 까치는 3마리 있고, 비둘기는 까치보다 5마리 더 많이 있습니다.
비둘기는 몇 마리인가요?
(8마리)

풀이 (비둘기의 수)
=(까치의 수)+5
$=3+5=8$(마리)

48쪽
③ 연필꽂이에 연필이 5자루 있었습니다. 그중에서 1자루를 꺼냈습니다.
연필꽂이에 남은 연필은 몇 자루인가요?
(4자루)

풀이 (연필꽂이에 남은 연필의 수)
=(처음에 있던 연필의 수)-(꺼낸 연필의 수)
$=5-1=4$(자루)

50쪽
④ 소율이는 송편을 8개 먹었고, 꿀떡은 송편보다 4개 더 적게 먹었습니다.
소율이가 먹은 꿀떡은 몇 개인가요?
(4개)

풀이 (먹은 꿀떡의 수)
=(먹은 송편의 수)-4
$=8-4=4$(개)

52쪽
⑤ 주스는 9컵, 우유는 6컵 있습니다. 주스는 우유보다 몇 컵 더 많은가요?
(3컵)

풀이 (주스의 수)-(우유의 수)
$=9-6=3$(컵)

54쪽
⑥ 봉지에는 사탕이 없고, 통에는 사탕이 6개 있습니다.
봉지와 통에 있는 사탕은 모두 몇 개인가요?
(6개)

풀이 (봉지와 통에 있는 사탕의 수)
=(봉지에 있는 사탕의 수)+(통에 있는 사탕의 수)
$=0+6=6$(개)

58쪽
⑦ 3장의 수 카드 중에서 가장 큰 수와 가장 작은 수의 차를 구해 보세요.

7 5 6

(2)

풀이 가장 큰 수: 7, 가장 작은 수: 5
⇨ $7-5=2$

⑧ 56쪽 도전 문제

4장의 수 카드 중에서 가장 큰 수와 가장 작은 수의 합을 구해 보세요.

5 0 8 6

❶ 가장 큰 수 → (8)
❷ 가장 작은 수 → (0)
❸ 가장 큰 수와 가장 작은 수의 합 → (8)

풀이 ❸ $8+0=8$

60 61

4 비교하기

64-65쪽

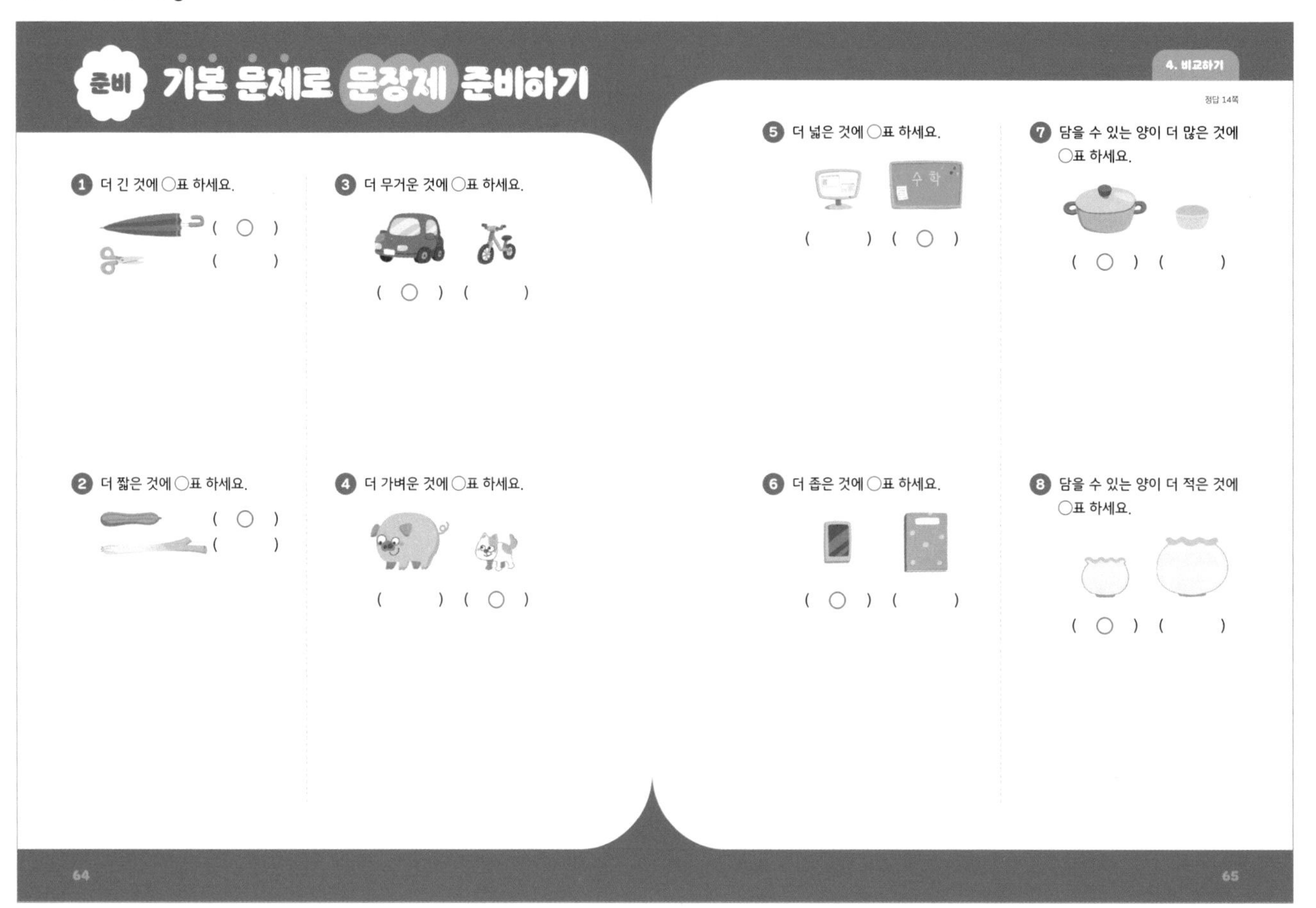

준비 기본 문제로 문장제 준비하기

4. 비교하기

정답 14쪽

❶ 더 긴 것에 ○표 하세요.

(○)
( )

❷ 더 짧은 것에 ○표 하세요.

(○)
( )

❸ 더 무거운 것에 ○표 하세요.

(○) ( )

❹ 더 가벼운 것에 ○표 하세요.

( ) (○)

❺ 더 넓은 것에 ○표 하세요.

( ) (○)

❻ 더 좁은 것에 ○표 하세요.

(○) ( )

❼ 담을 수 있는 양이 더 많은 것에 ○표 하세요.

(○) ( )

❽ 담을 수 있는 양이 더 적은 것에 ○표 하세요.

(○) ( )

64 65

66-67쪽

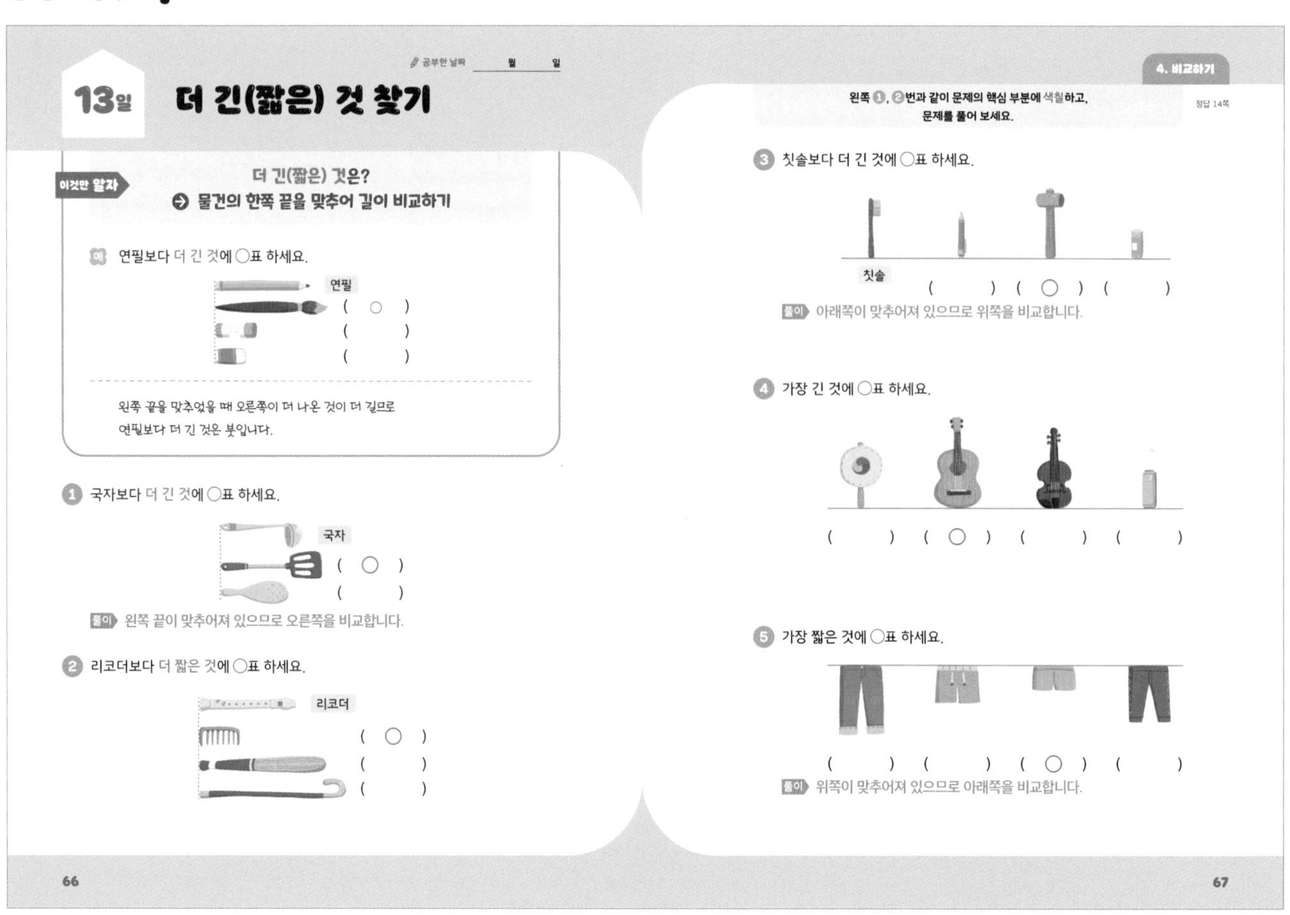

공부한 날짜 월 일

13일 더 긴(짧은) 것 찾기

4. 비교하기

이것만 알자

더 긴(짧은) 것은?
➔ 물건의 한쪽 끝을 맞추어 길이 비교하기

예 연필보다 더 긴 것에 ○표 하세요.

연필

(○)
( )
( )

왼쪽 끝을 맞추었을 때 오른쪽이 더 나온 것이 더 길므로
연필보다 더 긴 것은 붓입니다.

❶ 국자보다 더 긴 것에 ○표 하세요.

국자

(○)
( )

풀이 왼쪽 끝이 맞추어져 있으므로 오른쪽을 비교합니다.

❷ 리코더보다 더 짧은 것에 ○표 하세요.

리코더

(○)
( )
( )

왼쪽 ❶, ❷번과 같이 문제의 핵심 부분에 색칠하고, 문제를 풀어 보세요.

정답 14쪽

❸ 칫솔보다 더 긴 것에 ○표 하세요.

칫솔

( ) (○) ( )

풀이 아래쪽이 맞추어져 있으므로 위쪽을 비교합니다.

❹ 가장 긴 것에 ○표 하세요.

( ) (○) ( ) ( )

❺ 가장 짧은 것에 ○표 하세요.

( ) ( ) (○) ( )

풀이 위쪽이 맞추어져 있으므로 아래쪽을 비교합니다.

66 67

68-69쪽

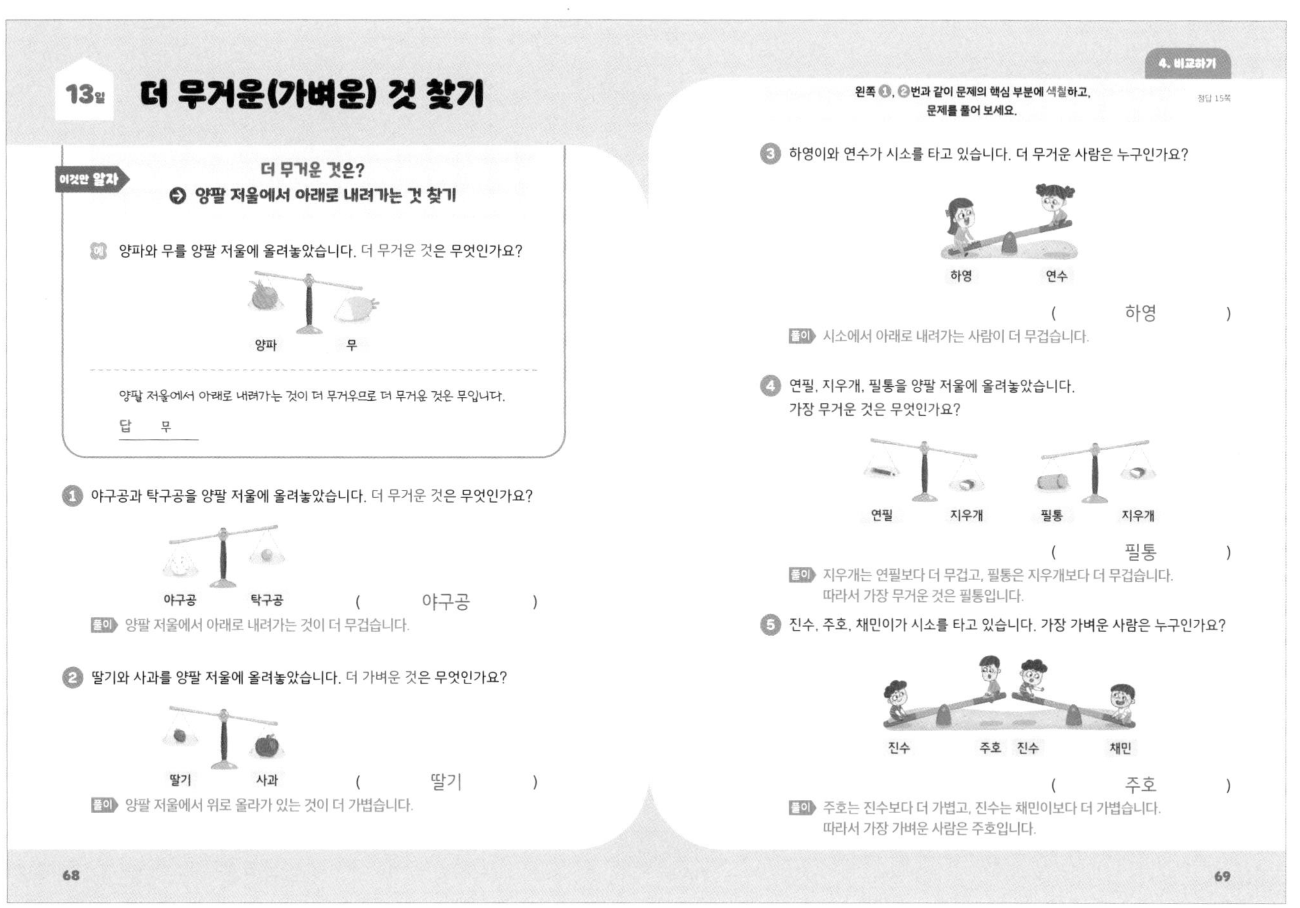

4. 비교하기

13일 더 무거운(가벼운) 것 찾기

이것만 알자

더 무거운 것은?
➔ 양팔 저울에서 아래로 내려가는 것 찾기

예 양파와 무를 양팔 저울에 올려놓았습니다. 더 무거운 것은 무엇인가요?

양파 무

양팔 저울에서 아래로 내려가는 것이 더 무거우므로 더 무거운 것은 무입니다.

답 무

1 야구공과 탁구공을 양팔 저울에 올려놓았습니다. 더 무거운 것은 무엇인가요?

야구공 탁구공 (야구공)

풀이 양팔 저울에서 아래로 내려가는 것이 더 무겁습니다.

2 딸기와 사과를 양팔 저울에 올려놓았습니다. 더 가벼운 것은 무엇인가요?

딸기 사과 (딸기)

풀이 양팔 저울에서 위로 올라가 있는 것이 더 가볍습니다.

왼쪽 1, 2번과 같이 문제의 핵심 부분에 색칠하고, 문제를 풀어 보세요.

정답 15쪽

3 하영이와 연수가 시소를 타고 있습니다. 더 무거운 사람은 누구인가요?

하영 연수

(하영)

풀이 시소에서 아래로 내려가는 사람이 더 무겁습니다.

4 연필, 지우개, 필통을 양팔 저울에 올려놓았습니다.
가장 무거운 것은 무엇인가요?

연필 지우개 필통 지우개

(필통)

풀이 지우개는 연필보다 더 무겁고, 필통은 지우개보다 더 무겁습니다.
따라서 가장 무거운 것은 필통입니다.

5 진수, 주호, 채민이가 시소를 타고 있습니다. 가장 가벼운 사람은 누구인가요?

진수 주호 진수 채민

(주호)

풀이 주호는 진수보다 더 가볍고, 진수는 채민이보다 더 가볍습니다.
따라서 가장 가벼운 사람은 주호입니다.

68 69

70-71쪽

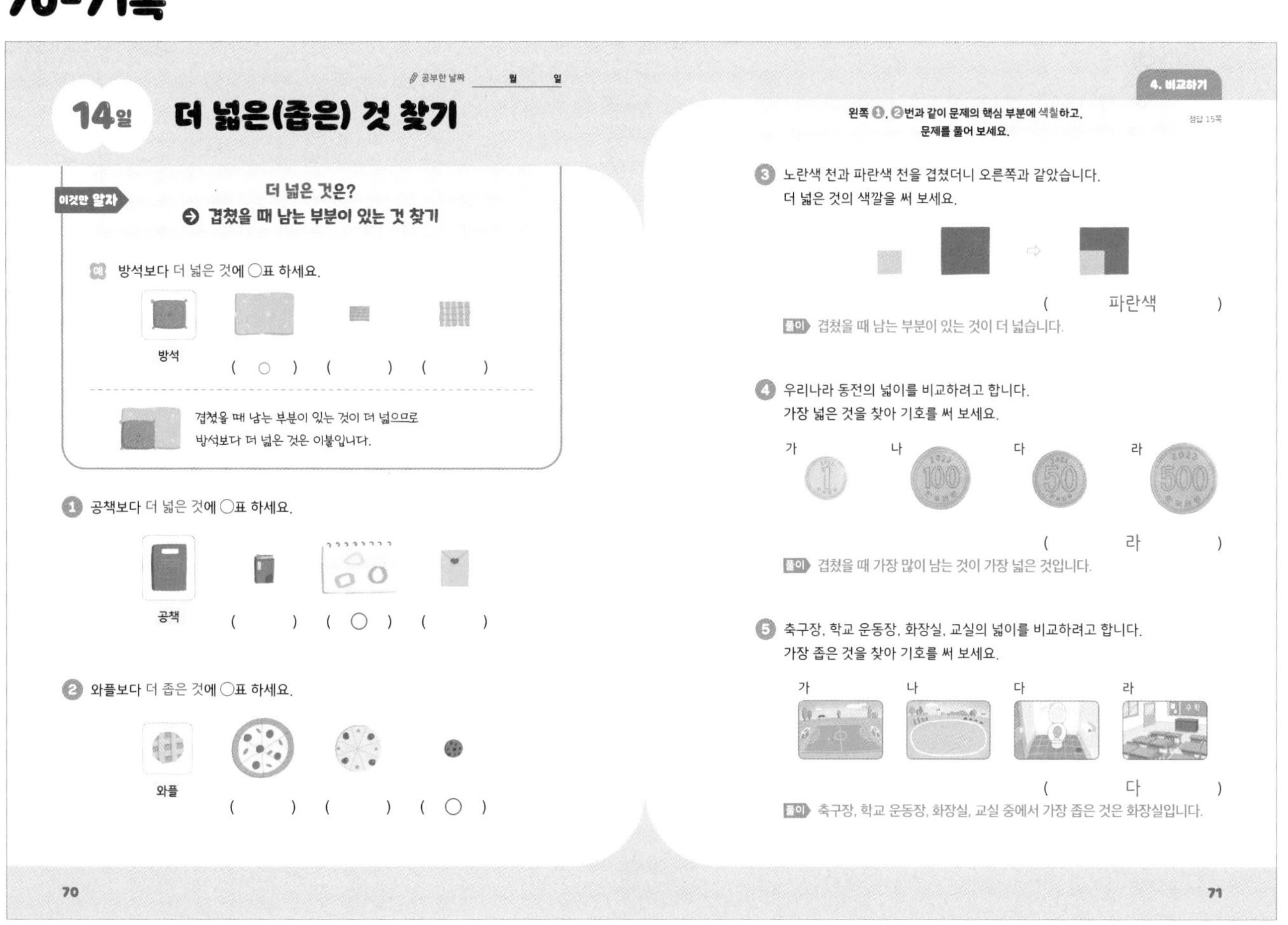

공부한 날짜 월 일

4. 비교하기

14일 더 넓은(좁은) 것 찾기

이것만 알자

더 넓은 것은?
➔ 겹쳤을 때 남는 부분이 있는 것 찾기

예 방석보다 더 넓은 것에 ○표 하세요.

방석 (○) ( ) ( )

겹쳤을 때 남는 부분이 있는 것이 더 넓으므로
방석보다 더 넓은 것은 이불입니다.

1 공책보다 더 넓은 것에 ○표 하세요.

공책 ( ) (○) ( )

2 와플보다 더 좁은 것에 ○표 하세요.

와플 ( ) ( ) (○)

왼쪽 1, 2번과 같이 문제의 핵심 부분에 색칠하고, 문제를 풀어 보세요.

정답 15쪽

3 노란색 천과 파란색 천을 겹쳤더니 오른쪽과 같았습니다.
더 넓은 것의 색깔을 써 보세요.

(파란색)

풀이 겹쳤을 때 남는 부분이 있는 것이 더 넓습니다.

4 우리나라 동전의 넓이를 비교하려고 합니다.
가장 넓은 것을 찾아 기호를 써 보세요.

가 나 다 라

(라)

풀이 겹쳤을 때 가장 많이 남는 것이 가장 넓은 것입니다.

5 축구장, 학교 운동장, 화장실, 교실의 넓이를 비교하려고 합니다.
가장 좁은 것을 찾아 기호를 써 보세요.

가 나 다 라

(다)

풀이 축구장, 학교 운동장, 화장실, 교실 중에서 가장 좁은 것은 화장실입니다.

70 71

4 비교하기

72-73쪽

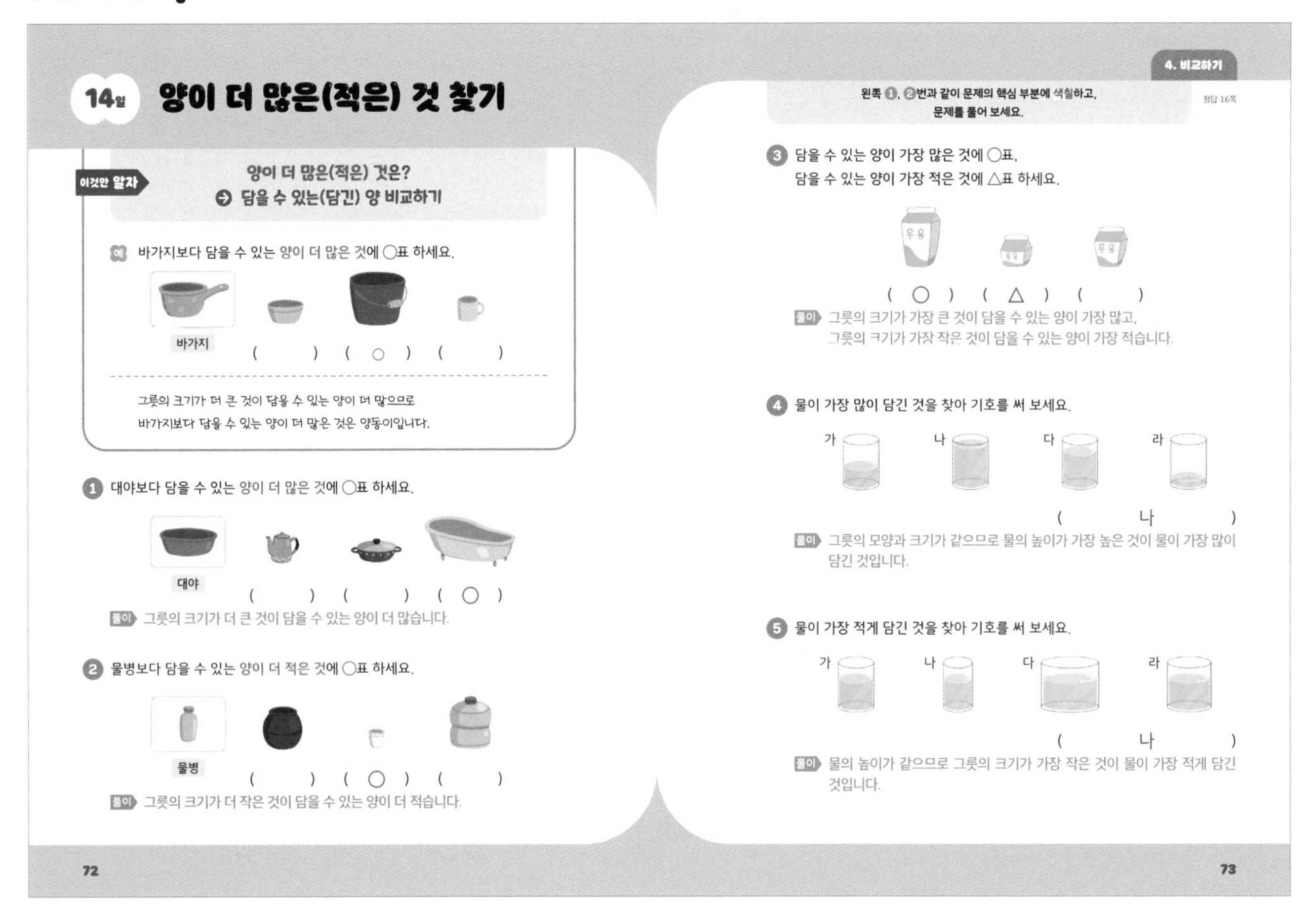

14일 양이 더 많은(적은) 것 찾기
이것만 알자
양이 더 많은(적은) 것은?
담을 수 있는(담긴) 양 비교하기
예 바가지보다 담을 수 있는 양이 더 많은 것에 ○표 하세요.
바가지
( ) (○) ( )
그릇의 크기가 더 큰 것이 담을 수 있는 양이 더 많으므로
바가지보다 담을 수 있는 양이 더 많은 것은 양동이입니다.
1 대야보다 담을 수 있는 양이 더 많은 것에 ○표 하세요.
대야
( ) ( ) (○)
풀이 그릇의 크기가 더 큰 것이 담을 수 있는 양이 더 많습니다.
2 물병보다 담을 수 있는 양이 더 적은 것에 ○표 하세요.
물병
( ) (○) ( )
풀이 그릇의 크기가 더 작은 것이 담을 수 있는 양이 더 적습니다.
72
4. 비교하기
왼쪽 1, 2번과 같이 문제의 핵심 부분에 색칠하고,
문제를 풀어 보세요.
정답 16쪽
3 담을 수 있는 양이 가장 많은 것에 ○표,
담을 수 있는 양이 가장 적은 것에 △표 하세요.
(○) (△) ( )
풀이 그릇의 크기가 가장 큰 것이 담을 수 있는 양이 가장 많고,
그릇의 크기가 가장 작은 것이 담을 수 있는 양이 가장 적습니다.
4 물이 가장 많이 담긴 것을 찾아 기호를 써 보세요.
가 나 다 라
(나)
풀이 그릇의 모양과 크기가 같으므로 물의 높이가 가장 높은 것이 물이 가장 많이 담긴 것입니다.
5 물이 가장 적게 담긴 것을 찾아 기호를 써 보세요.
가 나 다 라
(나)
풀이 물의 높이가 같으므로 그릇의 크기가 가장 작은 것이 물이 가장 적게 담긴 것입니다.
73

74-75쪽

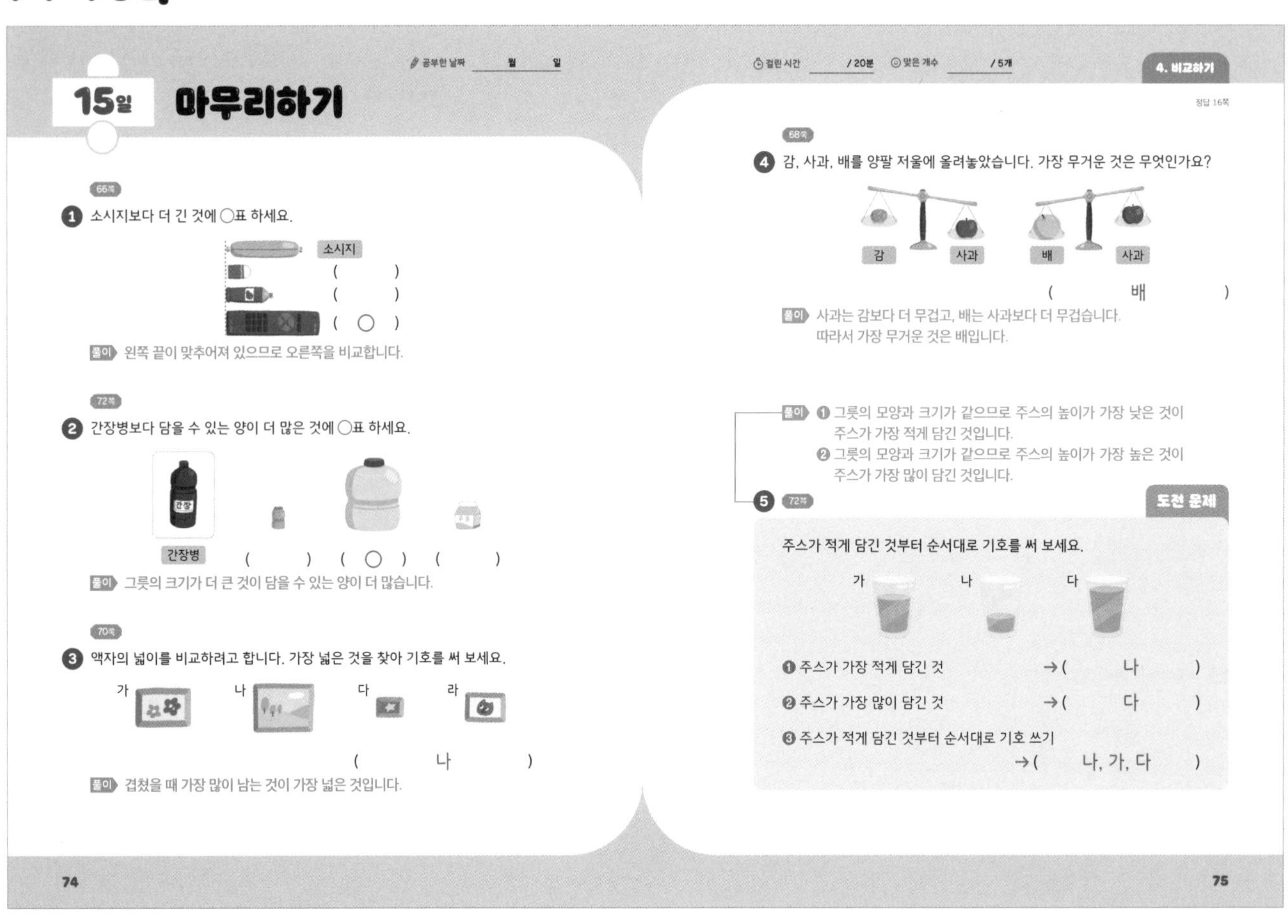

5 50까지의 수

78-79쪽

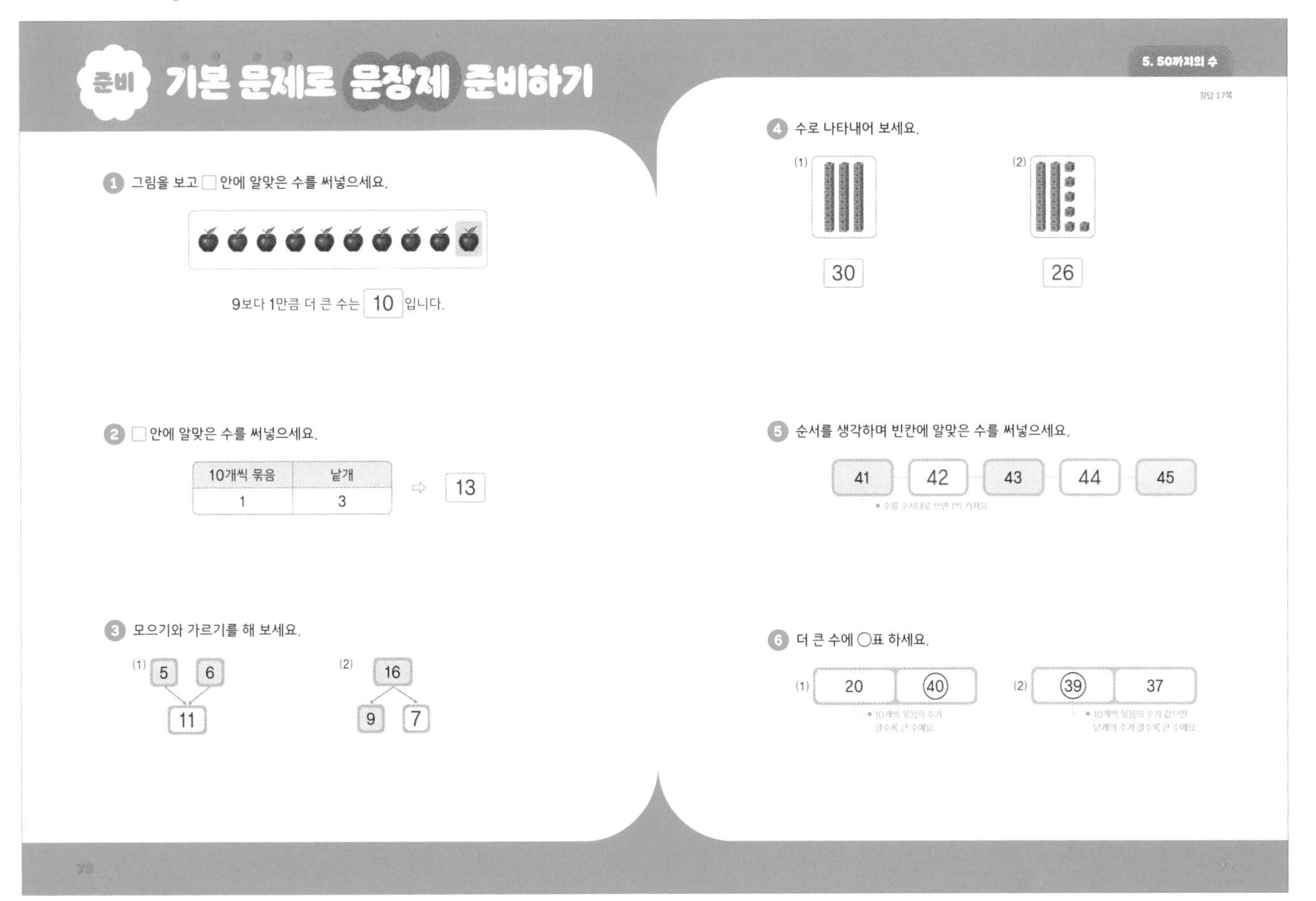

준비 기본 문제로 문장제 준비하기

5. 50까지의 수

정답 17쪽

① 그림을 보고 □ 안에 알맞은 수를 써넣으세요.

9보다 1만큼 더 큰 수는 10 입니다.

② □ 안에 알맞은 수를 써넣으세요.

10개씩 묶음	낱개
1	3

⇨ 13

③ 모으기와 가르기를 해 보세요.

(1) 5, 6 → 11

(2) 16 → 9, 7

④ 수로 나타내어 보세요.

(1) 30

(2) 26

⑤ 순서를 생각하며 빈칸에 알맞은 수를 써넣으세요.

41 42 43 44 45

⑥ 더 큰 수에 ○표 하세요.

(1) 20 (40)

(2) (39) 37

78

80-81쪽

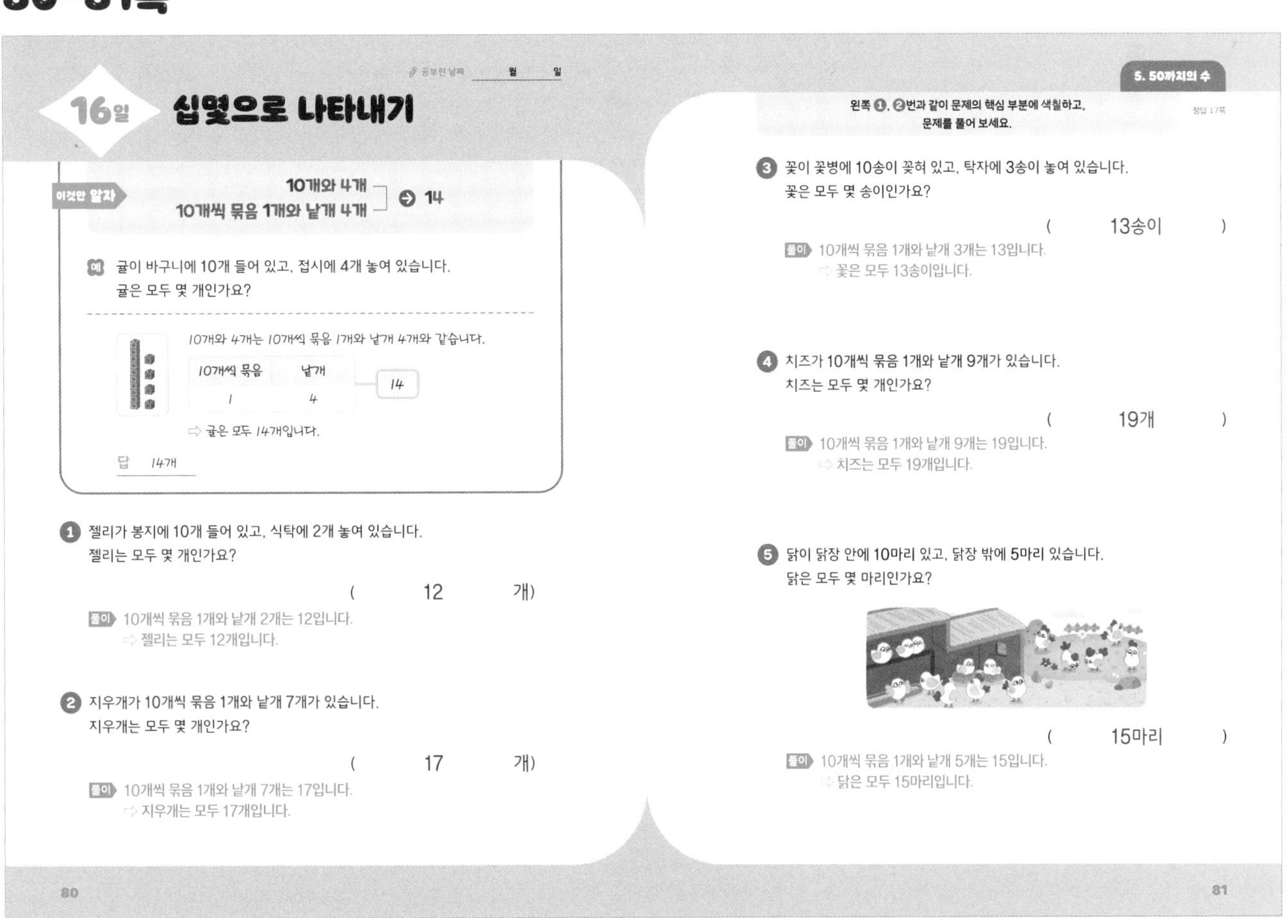

공부한 날짜 월 일

16일 십몇으로 나타내기

5. 50까지의 수

정답 17쪽

이것만 알자

10개와 4개
10개씩 묶음 1개와 낱개 4개 ➔ 14

예 귤이 바구니에 10개 들어 있고, 접시에 4개 놓여 있습니다.
귤은 모두 몇 개인가요?

10개와 4개는 10개씩 묶음 1개와 낱개 4개와 같습니다.

10개씩 묶음	낱개
1	4

14

⇨ 귤은 모두 14개입니다.

답 14개

① 젤리가 봉지에 10개 들어 있고, 식탁에 2개 놓여 있습니다.
젤리는 모두 몇 개인가요?

(12 개)

풀이 10개씩 묶음 1개와 낱개 2개는 12입니다.
⇨ 젤리는 모두 12개입니다.

② 지우개가 10개씩 묶음 1개와 낱개 7개가 있습니다.
지우개는 모두 몇 개인가요?

(17 개)

풀이 10개씩 묶음 1개와 낱개 7개는 17입니다.
⇨ 지우개는 모두 17개입니다.

왼쪽 ①, ②번과 같이 문제의 핵심 부분에 색칠하고,
문제를 풀어 보세요.

③ 꽃이 꽃병에 10송이 꽂혀 있고, 탁자에 3송이 놓여 있습니다.
꽃은 모두 몇 송이인가요?

(13송이)

풀이 10개씩 묶음 1개와 낱개 3개는 13입니다.
⇨ 꽃은 모두 13송이입니다.

④ 치즈가 10개씩 묶음 1개와 낱개 9개가 있습니다.
치즈는 모두 몇 개인가요?

(19개)

풀이 10개씩 묶음 1개와 낱개 9개는 19입니다.
⇨ 치즈는 모두 19개입니다.

⑤ 닭이 닭장 안에 10마리 있고, 닭장 밖에 5마리 있습니다.
닭은 모두 몇 마리인가요?

(15마리)

풀이 10개씩 묶음 1개와 낱개 5개는 15입니다.
⇨ 닭은 모두 15마리입니다.

80 81

5 50까지의 수

82-83쪽

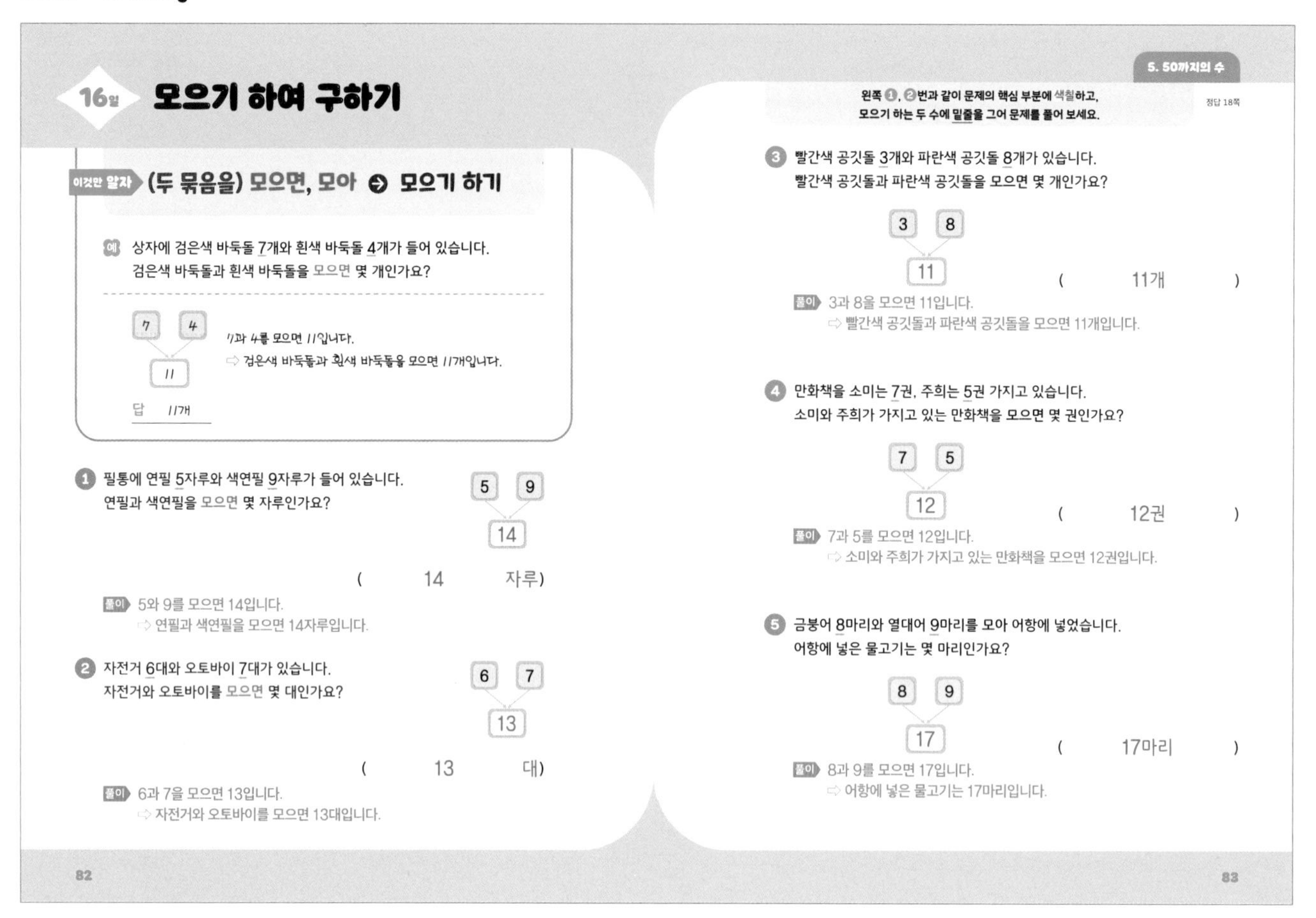

16일 모으기 하여 구하기

이것만 알자 (두 묶음을) 모으면, 모아 ➔ 모으기 하기

예 상자에 검은색 바둑돌 7개와 흰색 바둑돌 4개가 들어 있습니다. 검은색 바둑돌과 흰색 바둑돌을 모으면 몇 개인가요?

7 4 → 11

7과 4를 모으면 11입니다.
⇨ 검은색 바둑돌과 흰색 바둑돌을 모으면 11개입니다.

답 11개

1 필통에 연필 5자루와 색연필 9자루가 들어 있습니다. 연필과 색연필을 모으면 몇 자루인가요?

5 9 → 14

(14 자루)

풀이 5와 9를 모으면 14입니다.
⇨ 연필과 색연필을 모으면 14자루입니다.

2 자전거 6대와 오토바이 7대가 있습니다. 자전거와 오토바이를 모으면 몇 대인가요?

6 7 → 13

(13 대)

풀이 6과 7을 모으면 13입니다.
⇨ 자전거와 오토바이를 모으면 13대입니다.

5. 50까지의 수

왼쪽 1, 2번과 같이 문제의 핵심 부분에 색칠하고, 모으기 하는 두 수에 밑줄을 그어 문제를 풀어 보세요.

정답 18쪽

3 빨간색 공깃돌 3개와 파란색 공깃돌 8개가 있습니다. 빨간색 공깃돌과 파란색 공깃돌을 모으면 몇 개인가요?

3 8 → 11

(11개)

풀이 3과 8을 모으면 11입니다.
⇨ 빨간색 공깃돌과 파란색 공깃돌을 모으면 11개입니다.

4 만화책을 소미는 7권, 주희는 5권 가지고 있습니다. 소미와 주희가 가지고 있는 만화책을 모으면 몇 권인가요?

7 5 → 12

(12권)

풀이 7과 5를 모으면 12입니다.
⇨ 소미와 주희가 가지고 있는 만화책을 모으면 12권입니다.

5 금붕어 8마리와 열대어 9마리를 모아 어항에 넣었습니다. 어항에 넣은 물고기는 몇 마리인가요?

8 9 → 17

(17마리)

풀이 8과 9를 모으면 17입니다.
⇨ 어항에 넣은 물고기는 17마리입니다.

82 83

84-85쪽

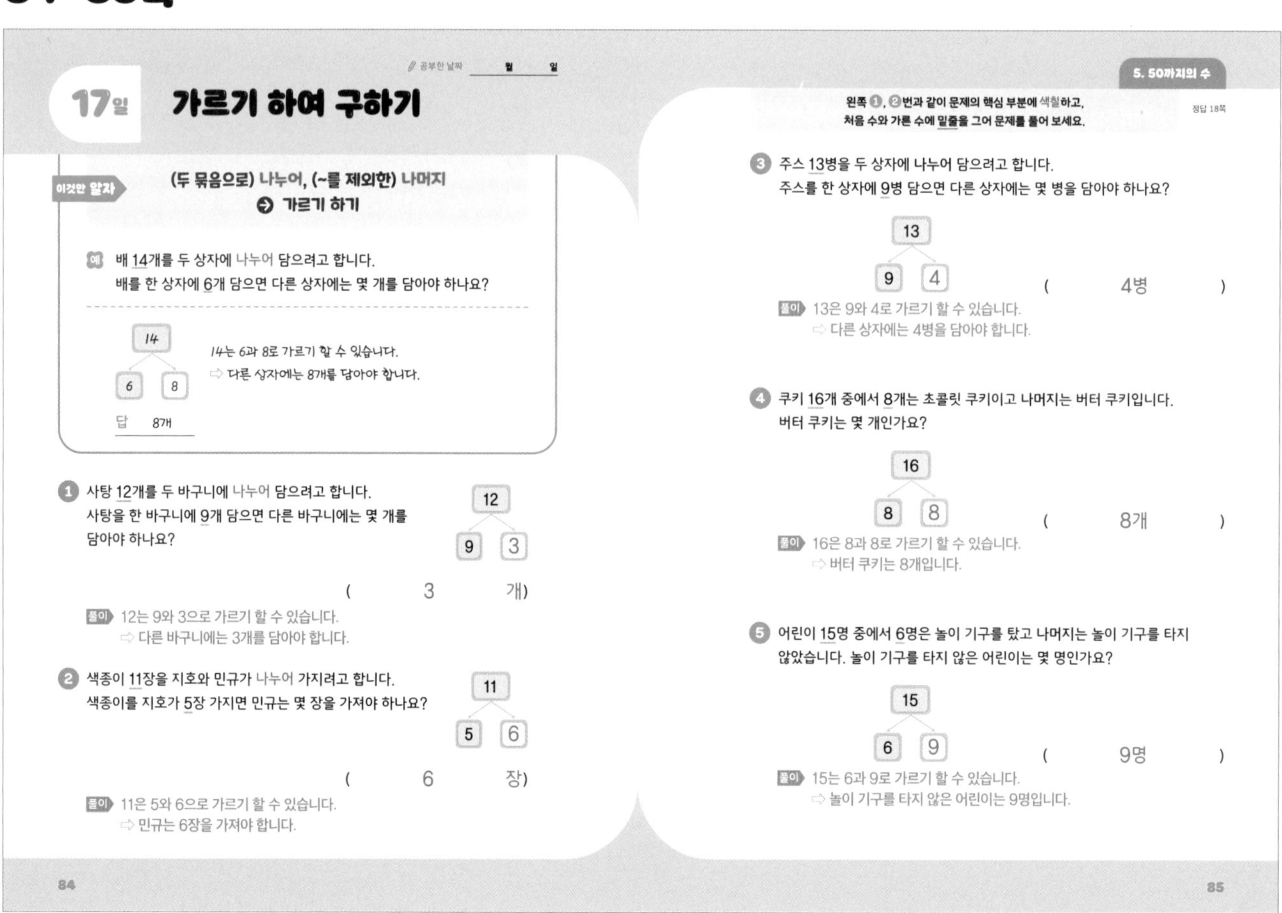

공부한 날짜 월 일

17일 가르기 하여 구하기

이것만 알자 (두 묶음으로) 나누어, (~를 제외한) 나머지 ➔ 가르기 하기

예 배 14개를 두 상자에 나누어 담으려고 합니다. 배를 한 상자에 6개 담으면 다른 상자에는 몇 개를 담아야 하나요?

14 → 6 8

14는 6과 8로 가르기 할 수 있습니다.
⇨ 다른 상자에는 8개를 담아야 합니다.

답 8개

1 사탕 12개를 두 바구니에 나누어 담으려고 합니다. 사탕을 한 바구니에 9개 담으면 다른 바구니에는 몇 개를 담아야 하나요?

12 → 9 3

(3 개)

풀이 12는 9와 3으로 가르기 할 수 있습니다.
⇨ 다른 바구니에는 3개를 담아야 합니다.

2 색종이 11장을 지호와 민규가 나누어 가지려고 합니다. 색종이를 지호가 5장 가지면 민규는 몇 장을 가져야 하나요?

11 → 5 6

(6 장)

풀이 11은 5와 6으로 가르기 할 수 있습니다.
⇨ 민규는 6장을 가져야 합니다.

5. 50까지의 수

왼쪽 1, 2번과 같이 문제의 핵심 부분에 색칠하고, 처음 수와 가른 수에 밑줄을 그어 문제를 풀어 보세요.

정답 18쪽

3 주스 13병을 두 상자에 나누어 담으려고 합니다. 주스를 한 상자에 9병 담으면 다른 상자에는 몇 병을 담아야 하나요?

13 → 9 4

(4병)

풀이 13은 9와 4로 가르기 할 수 있습니다.
⇨ 다른 상자에는 4병을 담아야 합니다.

4 쿠키 16개 중에서 8개는 초콜릿 쿠키이고 나머지는 버터 쿠키입니다. 버터 쿠키는 몇 개인가요?

16 → 8 8

(8개)

풀이 16은 8과 8로 가르기 할 수 있습니다.
⇨ 버터 쿠키는 8개입니다.

5 어린이 15명 중에서 6명은 놀이 기구를 탔고 나머지는 놀이 기구를 타지 않았습니다. 놀이 기구를 타지 않은 어린이는 몇 명인가요?

15 → 6 9

(9명)

풀이 15는 6과 9로 가르기 할 수 있습니다.
⇨ 놀이 기구를 타지 않은 어린이는 9명입니다.

84 85

86-87쪽

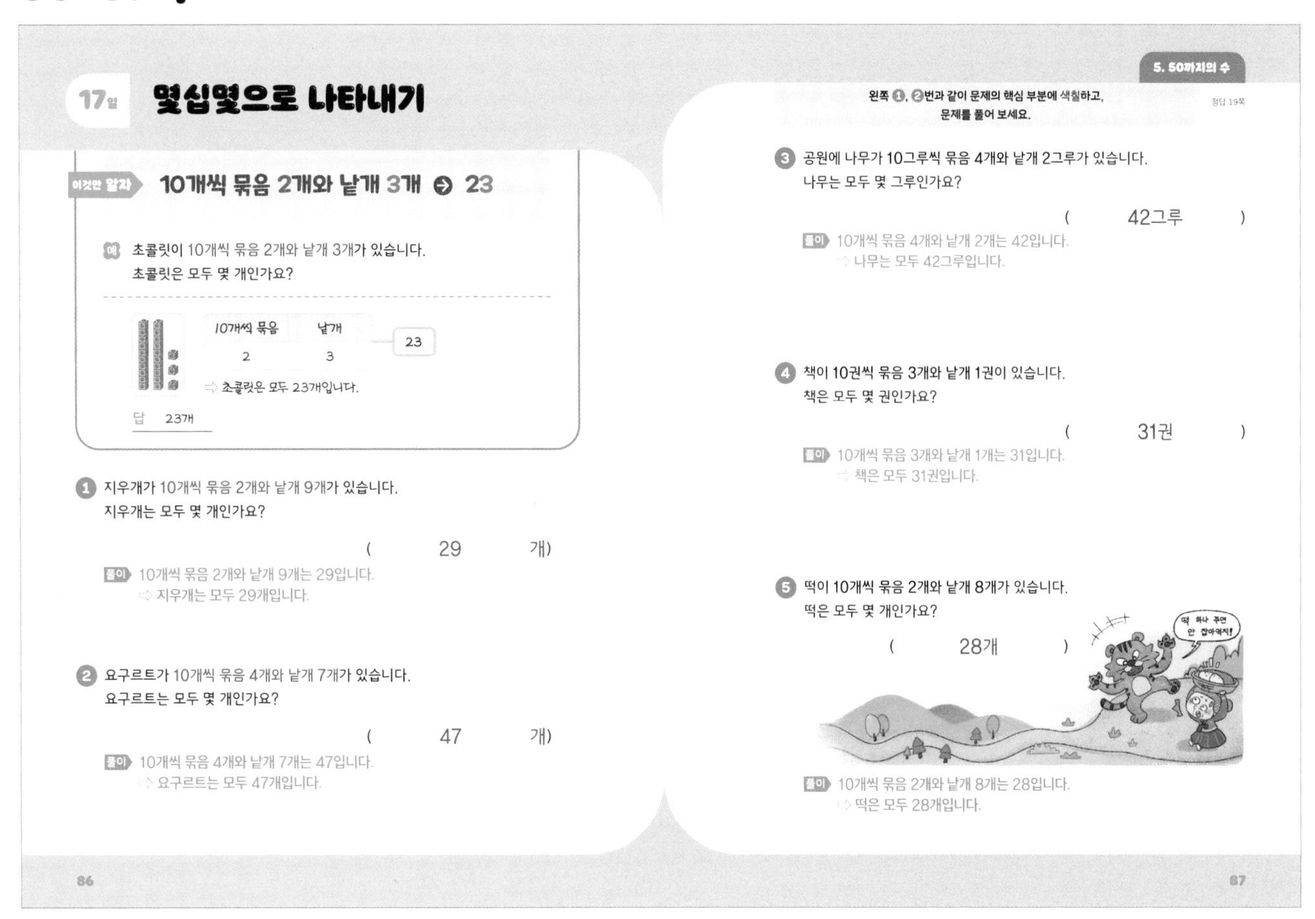

17일 몇십몇으로 나타내기

이것만 알자 10개씩 묶음 2개와 낱개 3개 → 23

예 초콜릿이 10개씩 묶음 2개와 낱개 3개가 있습니다.
초콜릿은 모두 몇 개인가요?

10개씩 묶음	낱개
2	3

→ 23

⇨ 초콜릿은 모두 23개입니다.

답 23개

① 지우개가 10개씩 묶음 2개와 낱개 9개가 있습니다.
지우개는 모두 몇 개인가요?

(29 개)

풀이 10개씩 묶음 2개와 낱개 9개는 29입니다.
⇨ 지우개는 모두 29개입니다.

② 요구르트가 10개씩 묶음 4개와 낱개 7개가 있습니다.
요구르트는 모두 몇 개인가요?

(47 개)

풀이 10개씩 묶음 4개와 낱개 7개는 47입니다.
⇨ 요구르트는 모두 47개입니다.

왼쪽 ①, ②번과 같이 문제의 핵심 부분에 색칠하고, 문제를 풀어 보세요.

정답 19쪽

③ 공원에 나무가 10그루씩 묶음 4개와 낱개 2그루가 있습니다.
나무는 모두 몇 그루인가요?

(42그루)

풀이 10개씩 묶음 4개와 낱개 2개는 42입니다.
⇨ 나무는 모두 42그루입니다.

④ 책이 10권씩 묶음 3개와 낱개 1권이 있습니다.
책은 모두 몇 권인가요?

(31권)

풀이 10개씩 묶음 3개와 낱개 1개는 31입니다.
⇨ 책은 모두 31권입니다.

⑤ 떡이 10개씩 묶음 2개와 낱개 8개가 있습니다.
떡은 모두 몇 개인가요?

(28개)

떡 하나 주면 안 잡아먹지!

풀이 10개씩 묶음 2개와 낱개 8개는 28입니다.
⇨ 떡은 모두 28개입니다.

86 87

88-89쪽

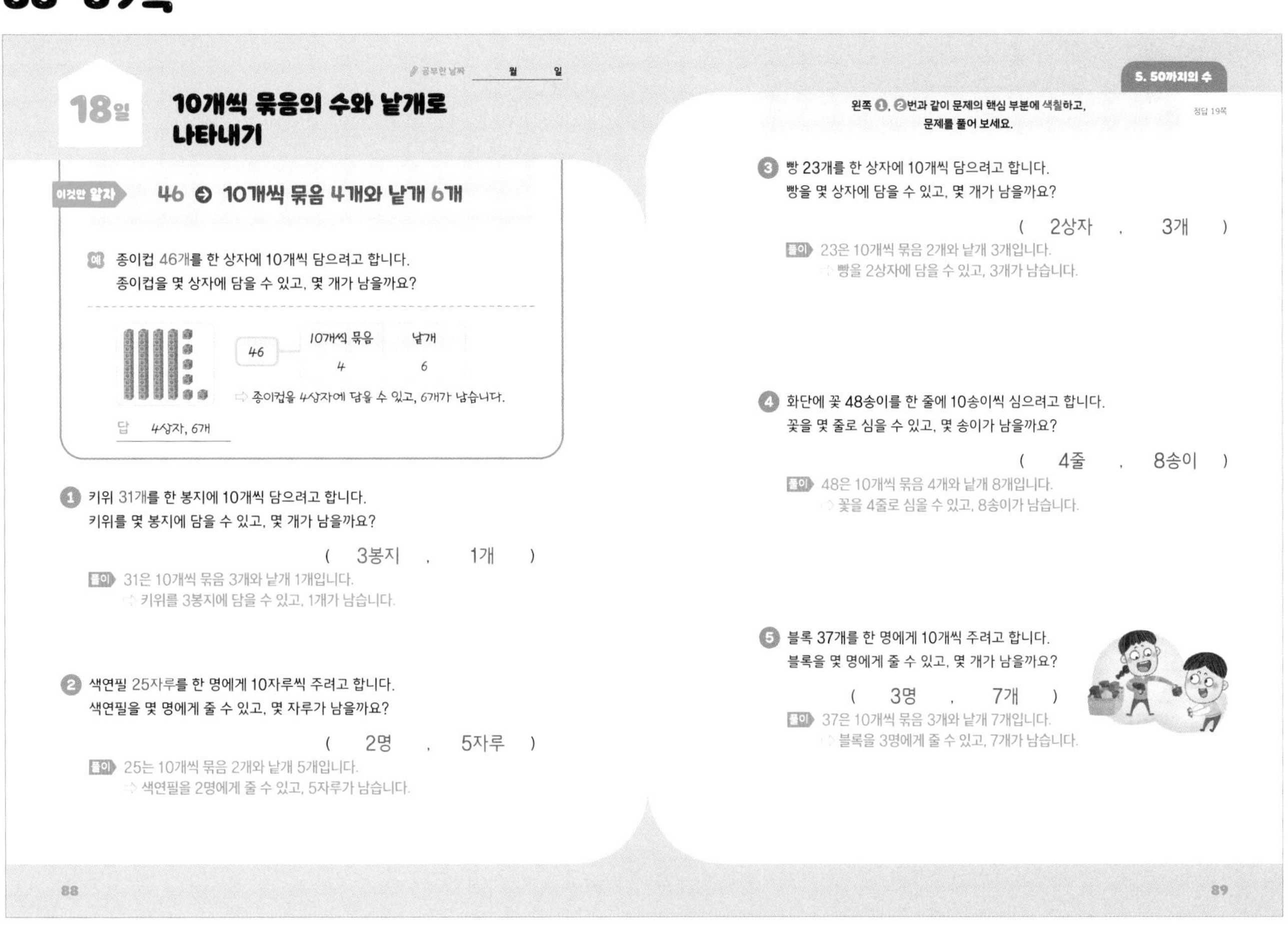

공부한 날짜 월 일

18일 10개씩 묶음의 수와 낱개로 나타내기

이것만 알자 46 → 10개씩 묶음 4개와 낱개 6개

예 종이컵 46개를 한 상자에 10개씩 담으려고 합니다.
종이컵을 몇 상자에 담을 수 있고, 몇 개가 남을까요?

46 →

10개씩 묶음	낱개
4	6

⇨ 종이컵을 4상자에 담을 수 있고, 6개가 남습니다.

답 4상자, 6개

① 키위 31개를 한 봉지에 10개씩 담으려고 합니다.
키위를 몇 봉지에 담을 수 있고, 몇 개가 남을까요?

(3봉지 , 1개)

풀이 31은 10개씩 묶음 3개와 낱개 1개입니다.
⇨ 키위를 3봉지에 담을 수 있고, 1개가 남습니다.

② 색연필 25자루를 한 명에게 10자루씩 주려고 합니다.
색연필을 몇 명에게 줄 수 있고, 몇 자루가 남을까요?

(2명 , 5자루)

풀이 25는 10개씩 묶음 2개와 낱개 5개입니다.
⇨ 색연필을 2명에게 줄 수 있고, 5자루가 남습니다.

왼쪽 ①, ②번과 같이 문제의 핵심 부분에 색칠하고, 문제를 풀어 보세요.

정답 19쪽

③ 빵 23개를 한 상자에 10개씩 담으려고 합니다.
빵을 몇 상자에 담을 수 있고, 몇 개가 남을까요?

(2상자 , 3개)

풀이 23은 10개씩 묶음 2개와 낱개 3개입니다.
⇨ 빵을 2상자에 담을 수 있고, 3개가 남습니다.

④ 화단에 꽃 48송이를 한 줄에 10송이씩 심으려고 합니다.
꽃을 몇 줄로 심을 수 있고, 몇 송이가 남을까요?

(4줄 , 8송이)

풀이 48은 10개씩 묶음 4개와 낱개 8개입니다.
⇨ 꽃을 4줄로 심을 수 있고, 8송이가 남습니다.

⑤ 블록 37개를 한 명에게 10개씩 주려고 합니다.
블록을 몇 명에게 줄 수 있고, 몇 개가 남을까요?

(3명 , 7개)

풀이 37은 10개씩 묶음 3개와 낱개 7개입니다.
⇨ 블록을 3명에게 줄 수 있고, 7개가 남습니다.

88 89

5 50까지의 수

90-91쪽

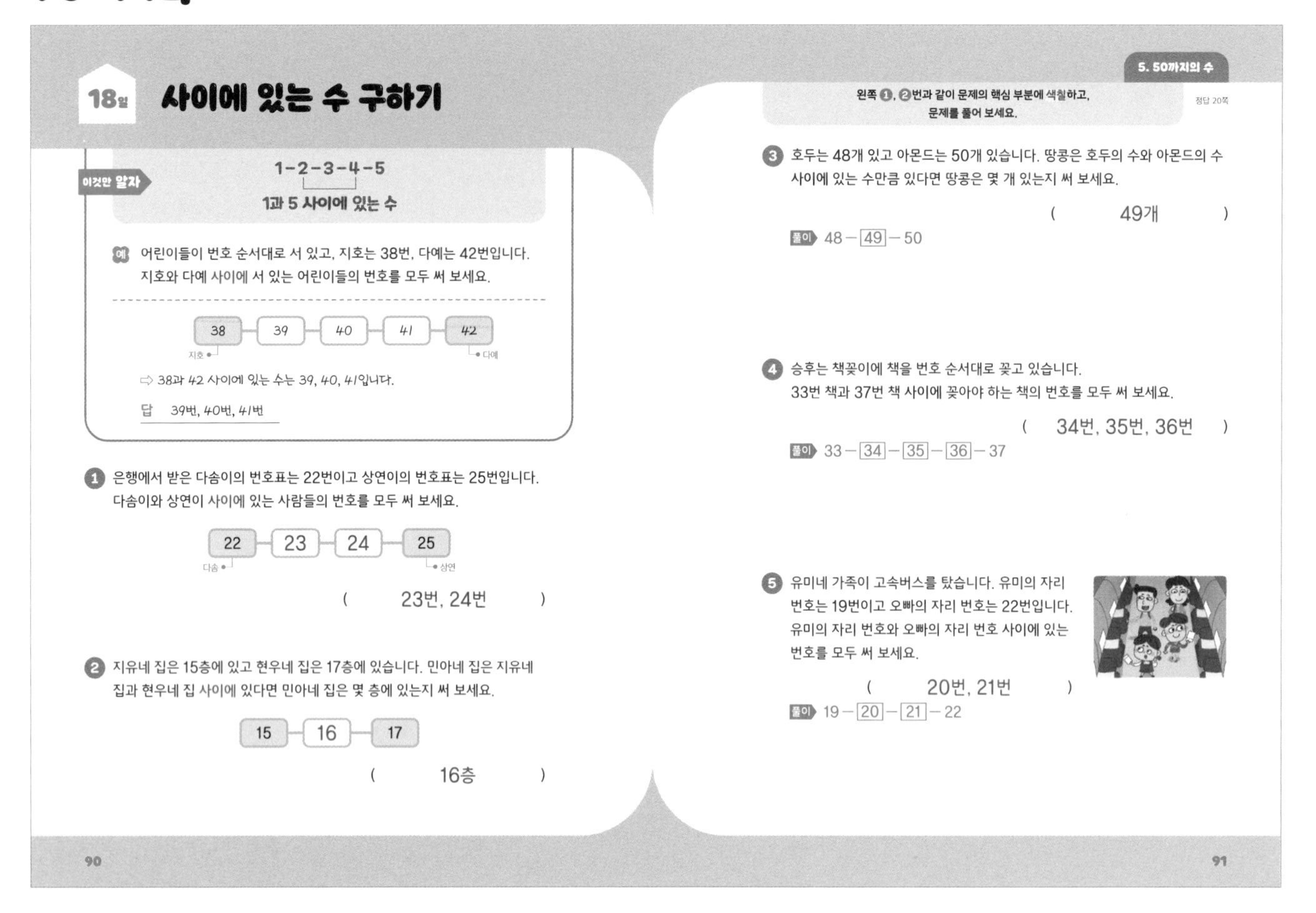

5. 50까지의 수

18일 사이에 있는 수 구하기

이것만 알자

1-2-3-4-5

1과 5 사이에 있는 수

예 어린이들이 번호 순서대로 서 있고, 지호는 38번, 다예는 42번입니다. 지호와 다예 사이에 서 있는 어린이들의 번호를 모두 써 보세요.

38 - 39 - 40 - 41 - 42 (지호, 다예)

⇨ 38과 42 사이에 있는 수는 39, 40, 41입니다.

답 39번, 40번, 41번

1 은행에서 받은 다솜이의 번호표는 22번이고 상연이의 번호표는 25번입니다. 다솜이와 상연이 사이에 있는 사람들의 번호를 모두 써 보세요.

22 - 23 - 24 - 25 (다솜, 상연)

(23번, 24번)

2 지유네 집은 15층에 있고 현우네 집은 17층에 있습니다. 민아네 집은 지유네 집과 현우네 집 사이에 있다면 민아네 집은 몇 층에 있는지 써 보세요.

15 - 16 - 17

(16층)

왼쪽 1, 2번과 같이 문제의 핵심 부분에 색칠하고, 문제를 풀어 보세요.

정답 20쪽

3 호두는 48개 있고 아몬드는 50개 있습니다. 땅콩은 호두의 수와 아몬드의 수 사이에 있는 수만큼 있다면 땅콩은 몇 개 있는지 써 보세요.

(49개)

풀이 48 - [49] - 50

4 승후는 책꽂이에 책을 번호 순서대로 꽂고 있습니다. 33번 책과 37번 책 사이에 꽂아야 하는 책의 번호를 모두 써 보세요.

(34번, 35번, 36번)

풀이 33 - [34] - [35] - [36] - 37

5 유미네 가족이 고속버스를 탔습니다. 유미의 자리 번호는 19번이고 오빠의 자리 번호는 22번입니다. 유미의 자리 번호와 오빠의 자리 번호 사이에 있는 번호를 모두 써 보세요.

(20번, 21번)

풀이 19 - [20] - [21] - 22

90 91

92-93쪽

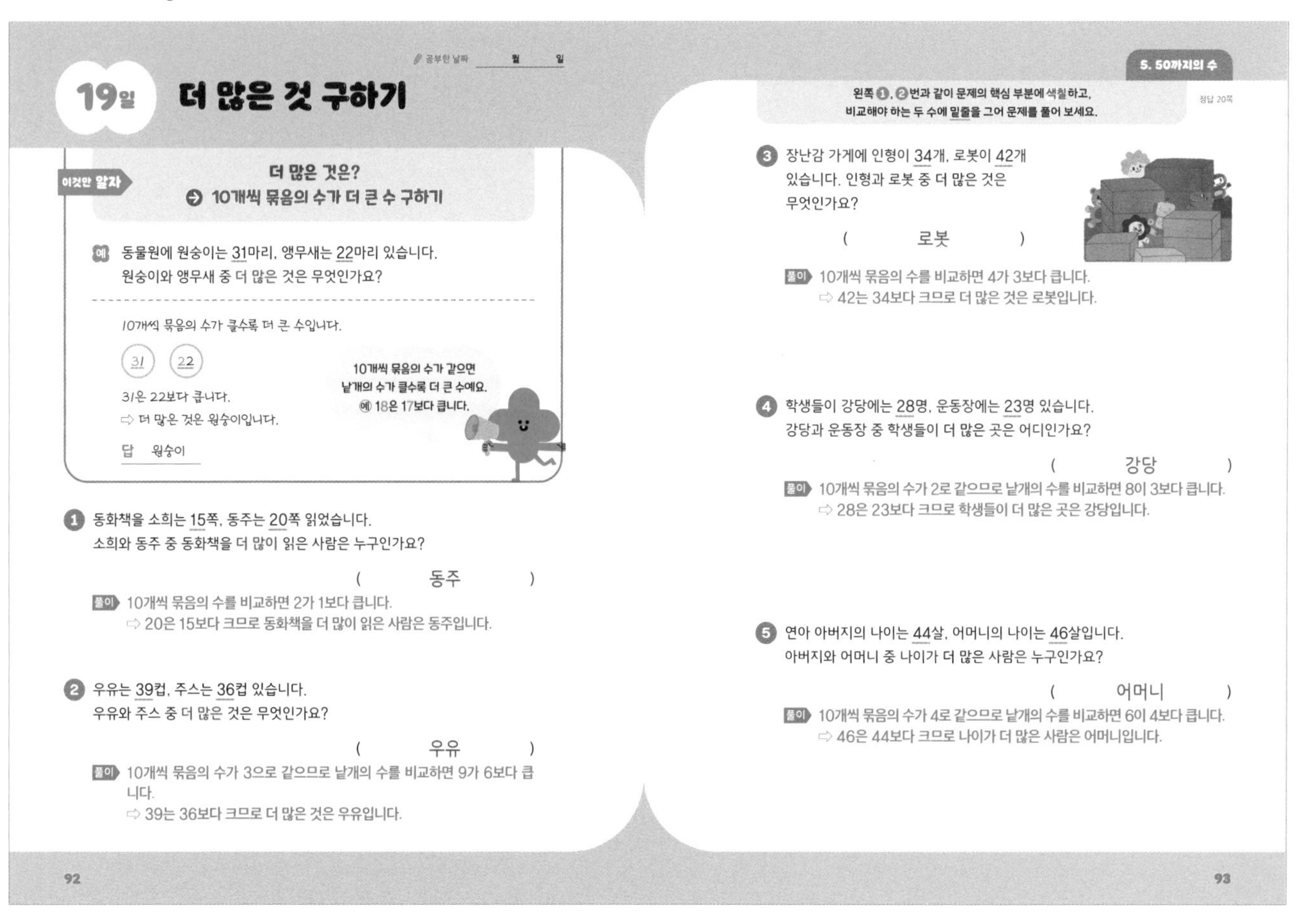

공부한 날짜 월 일

5. 50까지의 수

19일 더 많은 것 구하기

이것만 알자

더 많은 것은?

➔ 10개씩 묶음의 수가 더 큰 수 구하기

예 동물원에 원숭이는 31마리, 앵무새는 22마리 있습니다. 원숭이와 앵무새 중 더 많은 것은 무엇인가요?

10개씩 묶음의 수가 클수록 더 큰 수입니다.

31 22

31은 22보다 큽니다.

⇨ 더 많은 것은 원숭이입니다.

답 원숭이

10개씩 묶음의 수가 같으면 낱개의 수가 클수록 더 큰 수예요.

예 18은 17보다 큽니다.

1 동화책을 소희는 15쪽, 동주는 20쪽 읽었습니다. 소희와 동주 중 동화책을 더 많이 읽은 사람은 누구인가요?

(동주)

풀이 10개씩 묶음의 수를 비교하면 2가 1보다 큽니다.

⇨ 20은 15보다 크므로 동화책을 더 많이 읽은 사람은 동주입니다.

2 우유는 39컵, 주스는 36컵 있습니다. 우유와 주스 중 더 많은 것은 무엇인가요?

(우유)

풀이 10개씩 묶음의 수가 3으로 같으므로 낱개의 수를 비교하면 9가 6보다 큽니다.

⇨ 39는 36보다 크므로 더 많은 것은 우유입니다.

왼쪽 1, 2번과 같이 문제의 핵심 부분에 색칠하고, 비교해야 하는 두 수에 밑줄을 그어 문제를 풀어 보세요.

정답 20쪽

3 장난감 가게에 인형이 34개, 로봇이 42개 있습니다. 인형과 로봇 중 더 많은 것은 무엇인가요?

(로봇)

풀이 10개씩 묶음의 수를 비교하면 4가 3보다 큽니다.

⇨ 42는 34보다 크므로 더 많은 것은 로봇입니다.

4 학생들이 강당에는 28명, 운동장에는 23명 있습니다. 강당과 운동장 중 학생들이 더 많은 곳은 어디인가요?

(강당)

풀이 10개씩 묶음의 수가 2로 같으므로 낱개의 수를 비교하면 8이 3보다 큽니다.

⇨ 28은 23보다 크므로 학생들이 더 많은 곳은 강당입니다.

5 연아 아버지의 나이는 44살, 어머니의 나이는 46살입니다. 아버지와 어머니 중 나이가 더 많은 사람은 누구인가요?

(어머니)

풀이 10개씩 묶음의 수가 4로 같으므로 낱개의 수를 비교하면 6이 4보다 큽니다.

⇨ 46은 44보다 크므로 나이가 더 많은 사람은 어머니입니다.

92 93

94-95쪽

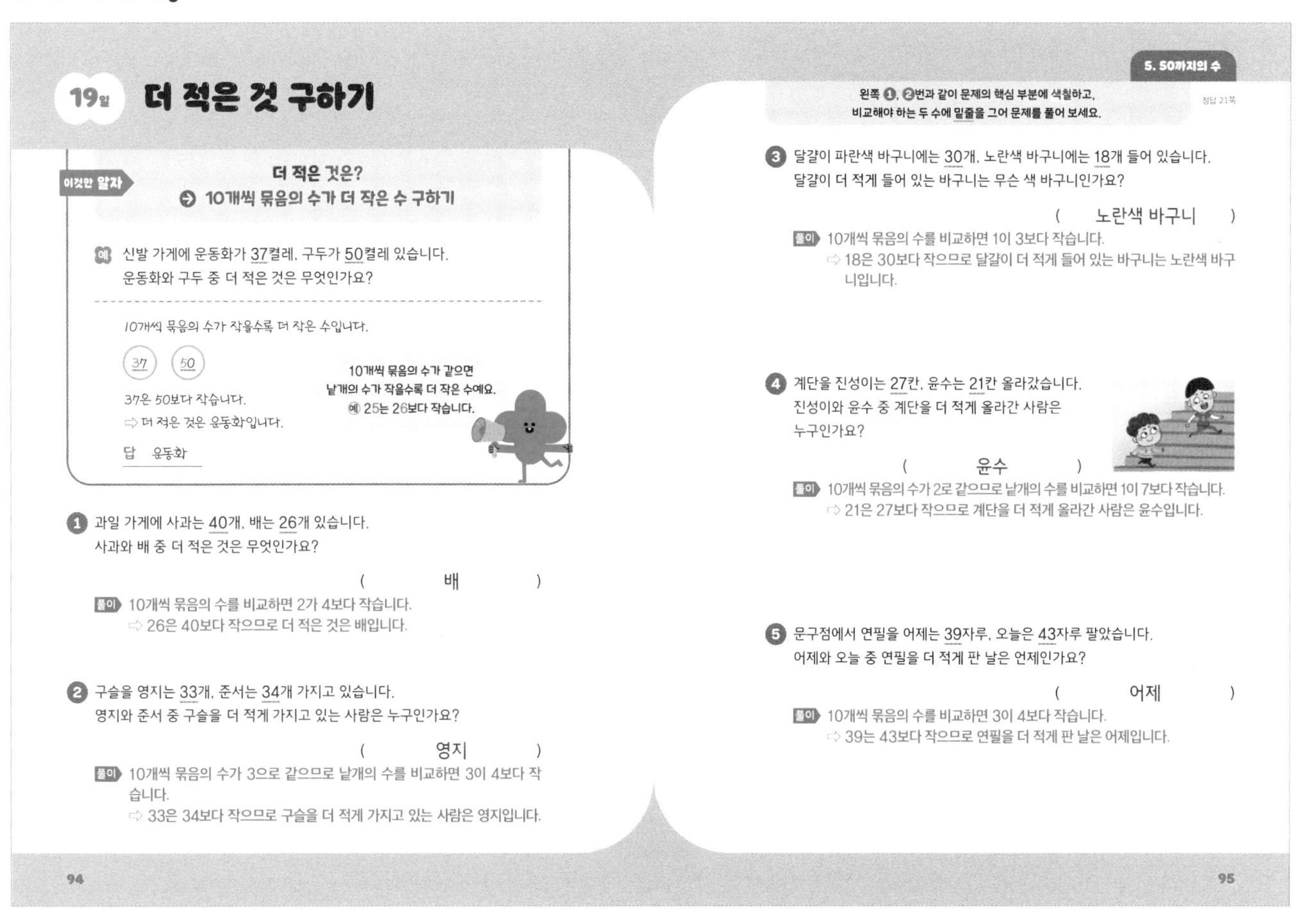

5. 50까지의 수

정답 21쪽

19일 더 적은 것 구하기

이것만 알자

더 적은 것은?
➔ 10개씩 묶음의 수가 더 작은 수 구하기

예 신발 가게에 운동화가 37켤레, 구두가 50켤레 있습니다.
운동화와 구두 중 더 적은 것은 무엇인가요?

10개씩 묶음의 수가 작을수록 더 작은 수입니다.

37 50

37은 50보다 작습니다.
⇨ 더 적은 것은 운동화입니다.

답 운동화

10개씩 묶음의 수가 같으면 낱개의 수가 작을수록 더 작은 수예요.
예 25는 26보다 작습니다.

1 과일 가게에 사과는 40개, 배는 26개 있습니다.
사과와 배 중 더 적은 것은 무엇인가요?

(배)

풀이 10개씩 묶음의 수를 비교하면 2가 4보다 작습니다.
⇨ 26은 40보다 작으므로 더 적은 것은 배입니다.

2 구슬을 영지는 33개, 준서는 34개 가지고 있습니다.
영지와 준서 중 구슬을 더 적게 가지고 있는 사람은 누구인가요?

(영지)

풀이 10개씩 묶음의 수가 3으로 같으므로 낱개의 수를 비교하면 3이 4보다 작습니다.
⇨ 33은 34보다 작으므로 구슬을 더 적게 가지고 있는 사람은 영지입니다.

왼쪽 1, 2번과 같이 문제의 핵심 부분에 색칠하고, 비교해야 하는 두 수에 밑줄을 그어 문제를 풀어 보세요.

3 달걀이 파란색 바구니에는 30개, 노란색 바구니에는 18개 들어 있습니다.
달걀이 더 적게 들어 있는 바구니는 무슨 색 바구니인가요?

(노란색 바구니)

풀이 10개씩 묶음의 수를 비교하면 1이 3보다 작습니다.
⇨ 18은 30보다 작으므로 달걀이 더 적게 들어 있는 바구니는 노란색 바구니입니다.

4 계단을 진성이는 27칸, 윤수는 21칸 올라갔습니다.
진성이와 윤수 중 계단을 더 적게 올라간 사람은 누구인가요?

(윤수)

풀이 10개씩 묶음의 수가 2로 같으므로 낱개의 수를 비교하면 1이 7보다 작습니다.
⇨ 21은 27보다 작으므로 계단을 더 적게 올라간 사람은 윤수입니다.

5 문구점에서 연필을 어제는 39자루, 오늘은 43자루 팔았습니다.
어제와 오늘 중 연필을 더 적게 판 날은 언제인가요?

(어제)

풀이 10개씩 묶음의 수를 비교하면 3이 4보다 작습니다.
⇨ 39는 43보다 작으므로 연필을 더 적게 판 날은 어제입니다.

94 95

96-97쪽

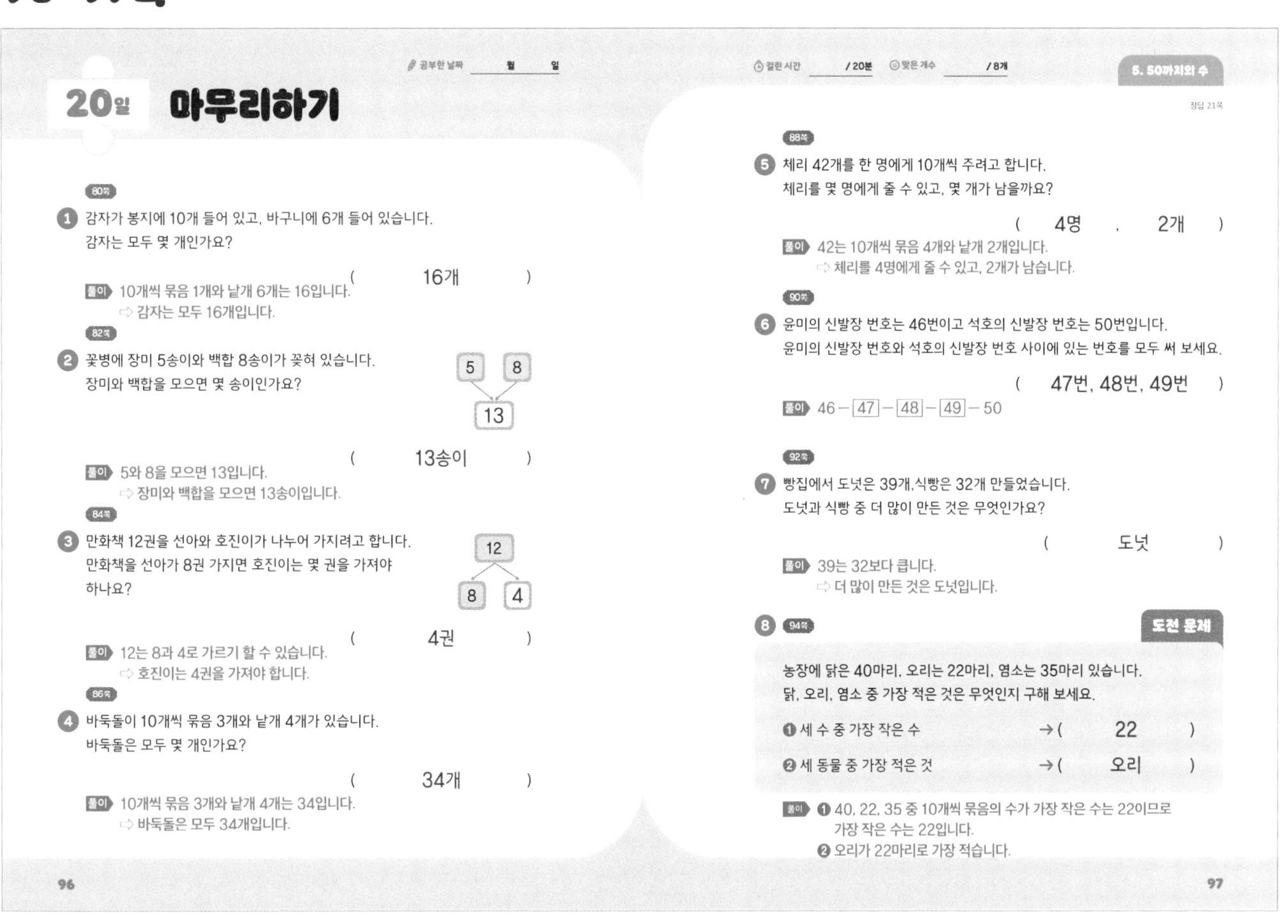

공부한 날짜 월 일 걸린 시간 /20분 맞은 개수 /8개

5. 50까지의 수

정답 21쪽

20일 마무리하기

80쪽
1 감자가 봉지에 10개 들어 있고, 바구니에 6개 들어 있습니다.
감자는 모두 몇 개인가요?

(16개)

풀이 10개씩 묶음 1개와 낱개 6개는 16입니다.
⇨ 감자는 모두 16개입니다.

82쪽
2 꽃병에 장미 5송이와 백합 8송이가 꽂혀 있습니다.
장미와 백합을 모으면 몇 송이인가요?

5 8 → 13

(13송이)

풀이 5와 8을 모으면 13입니다.
⇨ 장미와 백합을 모으면 13송이입니다.

84쪽
3 만화책 12권을 선아와 호진이가 나누어 가지려고 합니다.
만화책을 선아가 8권 가지면 호진이는 몇 권을 가져야 하나요?

12 → 8 4

(4권)

풀이 12는 8과 4로 가르기 할 수 있습니다.
⇨ 호진이는 4권을 가져야 합니다.

86쪽
4 바둑돌이 10개씩 묶음 3개와 낱개 4개가 있습니다.
바둑돌은 모두 몇 개인가요?

(34개)

풀이 10개씩 묶음 3개와 낱개 4개는 34입니다.
⇨ 바둑돌은 모두 34개입니다.

88쪽
5 체리 42개를 한 명에게 10개씩 주려고 합니다.
체리를 몇 명에게 줄 수 있고, 몇 개가 남을까요?

(4명 , 2개)

풀이 42는 10개씩 묶음 4개와 낱개 2개입니다.
⇨ 체리를 4명에게 줄 수 있고, 2개가 남습니다.

90쪽
6 윤미의 신발장 번호는 46번이고 석호의 신발장 번호는 50번입니다.
윤미의 신발장 번호와 석호의 신발장 번호 사이에 있는 번호를 모두 써 보세요.

(47번, 48번, 49번)

풀이 46 – 47 – 48 – 49 – 50

92쪽
7 빵집에서 도넛은 39개, 식빵은 32개 만들었습니다.
도넛과 식빵 중 더 많이 만든 것은 무엇인가요?

(도넛)

풀이 39는 32보다 큽니다.
⇨ 더 많이 만든 것은 도넛입니다.

8 94쪽 **도전 문제**

농장에 닭은 40마리, 오리는 22마리, 염소는 35마리 있습니다.
닭, 오리, 염소 중 가장 적은 것은 무엇인지 구해 보세요.

❶ 세 수 중 가장 작은 수 → (22)

❷ 세 동물 중 가장 적은 것 → (오리)

풀이 ❶ 40, 22, 35 중 10개씩 묶음의 수가 가장 작은 수는 22이므로 가장 작은 수는 22입니다.
❷ 오리가 22마리로 가장 적습니다.

96 97

실력 평가

98-99쪽

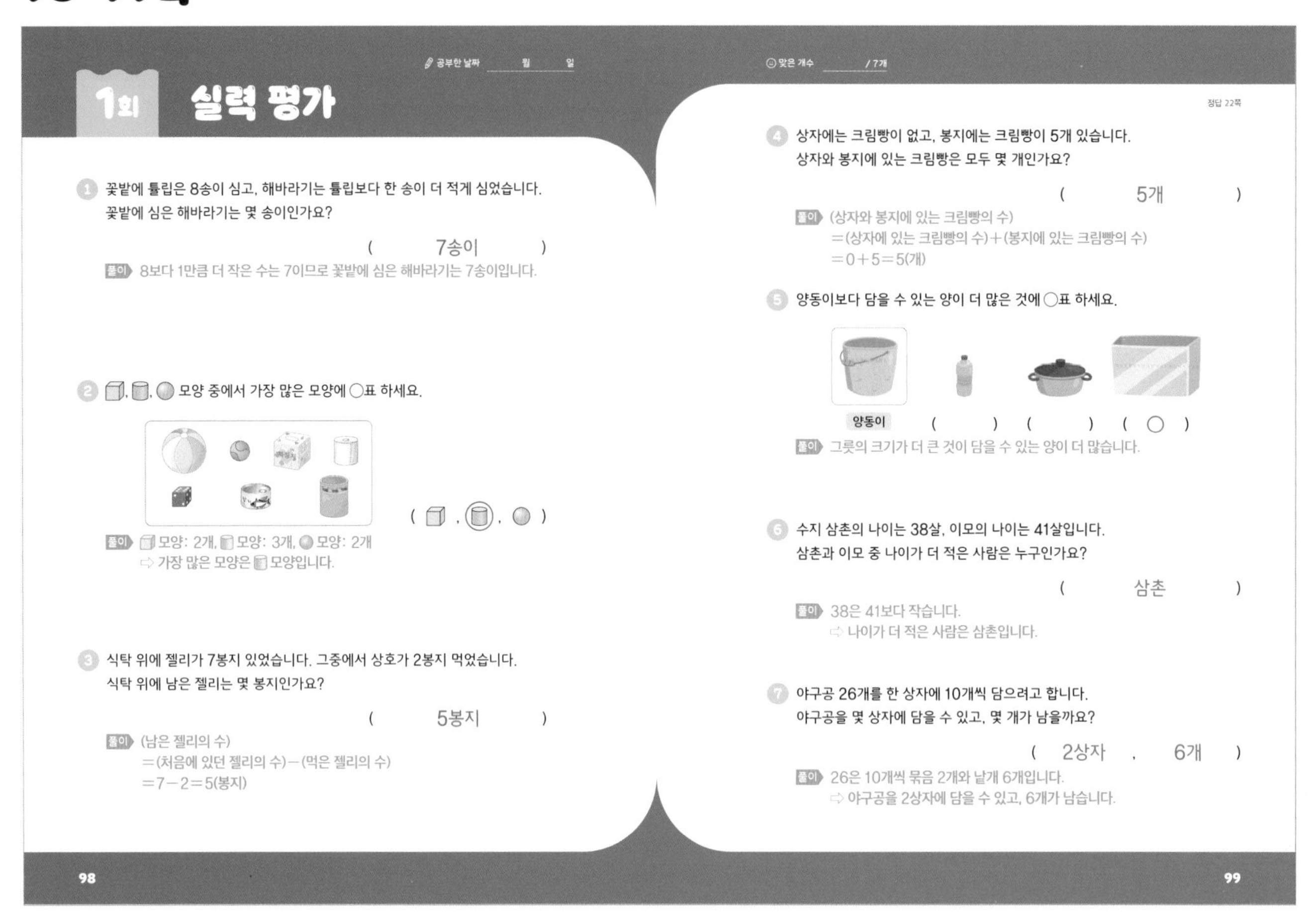

공부한 날짜 월 일

맞은 개수 /7개

1회 실력 평가

정답 22쪽

1 꽃밭에 튤립은 8송이 심고, 해바라기는 튤립보다 한 송이 더 적게 심었습니다.
꽃밭에 심은 해바라기는 몇 송이인가요?

(7송이)

풀이 8보다 1만큼 더 작은 수는 7이므로 꽃밭에 심은 해바라기는 7송이입니다.

2 ▢, ▢, ◯ 모양 중에서 가장 많은 모양에 ◯표 하세요.

(▢ , (▢) , ◯)

풀이 ▢ 모양: 2개, ▢ 모양: 3개, ◯ 모양: 2개
⇨ 가장 많은 모양은 ▢ 모양입니다.

3 식탁 위에 젤리가 7봉지 있었습니다. 그중에서 상호가 2봉지 먹었습니다.
식탁 위에 남은 젤리는 몇 봉지인가요?

(5봉지)

풀이 (남은 젤리의 수)
=(처음에 있던 젤리의 수)−(먹은 젤리의 수)
=7−2=5(봉지)

4 상자에는 크림빵이 없고, 봉지에는 크림빵이 5개 있습니다.
상자와 봉지에 있는 크림빵은 모두 몇 개인가요?

(5개)

풀이 (상자와 봉지에 있는 크림빵의 수)
=(상자에 있는 크림빵의 수)+(봉지에 있는 크림빵의 수)
=0+5=5(개)

5 양동이보다 담을 수 있는 양이 더 많은 것에 ◯표 하세요.

양동이 ( ) ( ) (◯)

풀이 그릇의 크기가 더 큰 것이 담을 수 있는 양이 더 많습니다.

6 수지 삼촌의 나이는 38살, 이모의 나이는 41살입니다.
삼촌과 이모 중 나이가 더 적은 사람은 누구인가요?

(삼촌)

풀이 38은 41보다 작습니다.
⇨ 나이가 더 적은 사람은 삼촌입니다.

7 야구공 26개를 한 상자에 10개씩 담으려고 합니다.
야구공을 몇 상자에 담을 수 있고, 몇 개가 남을까요?

(2상자 , 6개)

풀이 26은 10개씩 묶음 2개와 낱개 6개입니다.
⇨ 야구공을 2상자에 담을 수 있고, 6개가 남습니다.

98 99

100-101쪽

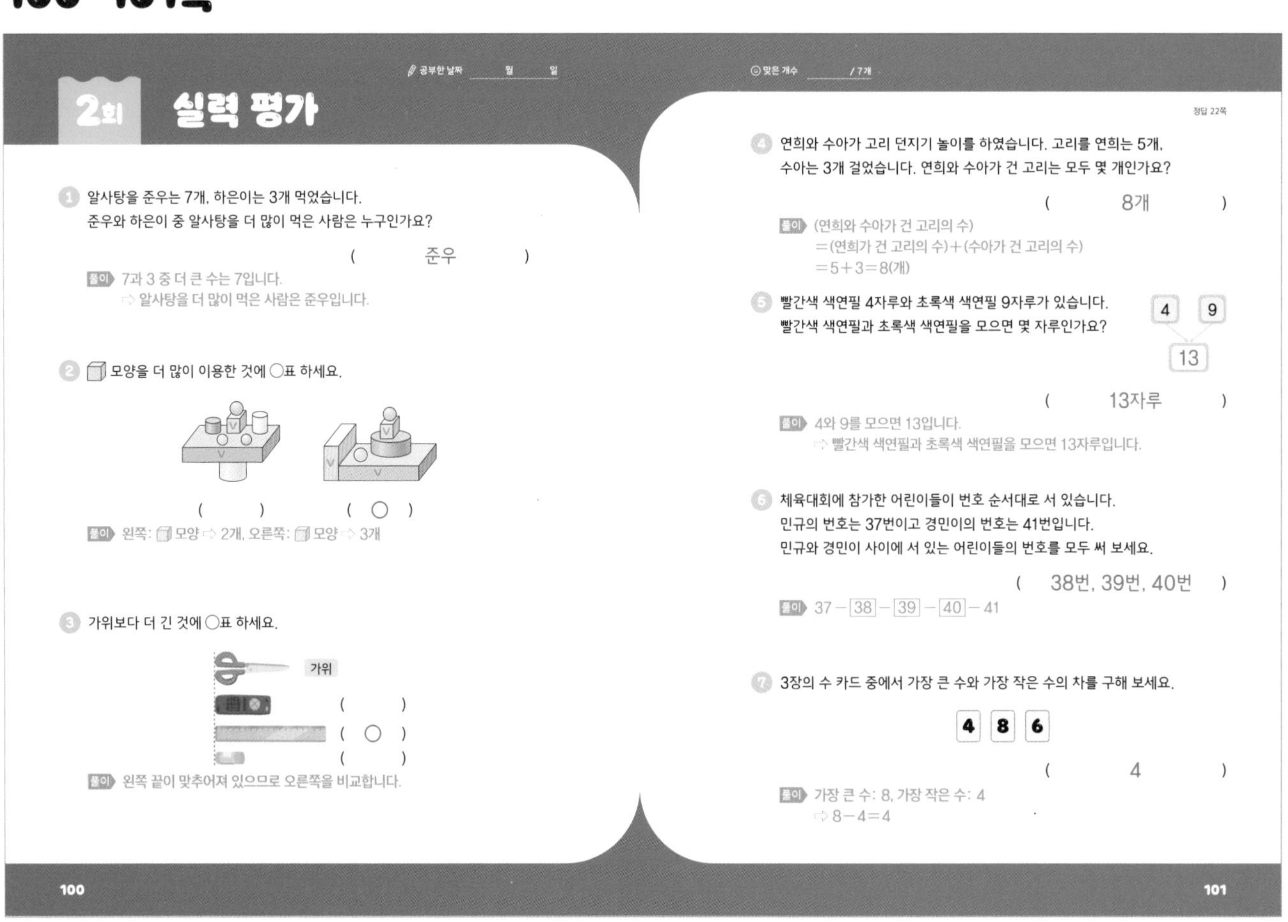

공부한 날짜 월 일

맞은 개수 /7개

2회 실력 평가

정답 22쪽

1 알사탕을 준우는 7개, 하은이는 3개 먹었습니다.
준우와 하은이 중 알사탕을 더 많이 먹은 사람은 누구인가요?

(준우)

풀이 7과 3 중 더 큰 수는 7입니다.
⇨ 알사탕을 더 많이 먹은 사람은 준우입니다.

2 ▢ 모양을 더 많이 이용한 것에 ◯표 하세요.

( ) (◯)

풀이 왼쪽: ▢ 모양 ⇨ 2개, 오른쪽: ▢ 모양 ⇨ 3개

3 가위보다 더 긴 것에 ◯표 하세요.

가위
( )
(◯)
( )

풀이 왼쪽 끝이 맞추어져 있으므로 오른쪽을 비교합니다.

4 연희와 수아가 고리 던지기 놀이를 하였습니다. 고리를 연희는 5개,
수아는 3개 걸었습니다. 연희와 수아가 건 고리는 모두 몇 개인가요?

(8개)

풀이 (연희와 수아가 건 고리의 수)
=(연희가 건 고리의 수)+(수아가 건 고리의 수)
=5+3=8(개)

5 빨간색 색연필 4자루와 초록색 색연필 9자루가 있습니다.
빨간색 색연필과 초록색 색연필을 모으면 몇 자루인가요?

4 9
13

(13자루)

풀이 4와 9를 모으면 13입니다.
⇨ 빨간색 색연필과 초록색 색연필을 모으면 13자루입니다.

6 체육대회에 참가한 어린이들이 번호 순서대로 서 있습니다.
민규의 번호는 37번이고 경민이의 번호는 41번입니다.
민규와 경민이 사이에 서 있는 어린이들의 번호를 모두 써 보세요.

(38번, 39번, 40번)

풀이 37 − 38 − 39 − 40 − 41

7 3장의 수 카드 중에서 가장 큰 수와 가장 작은 수의 차를 구해 보세요.

4 8 6

(4)

풀이 가장 큰 수: 8, 가장 작은 수: 4
⇨ 8−4=4

100 101

102-103쪽

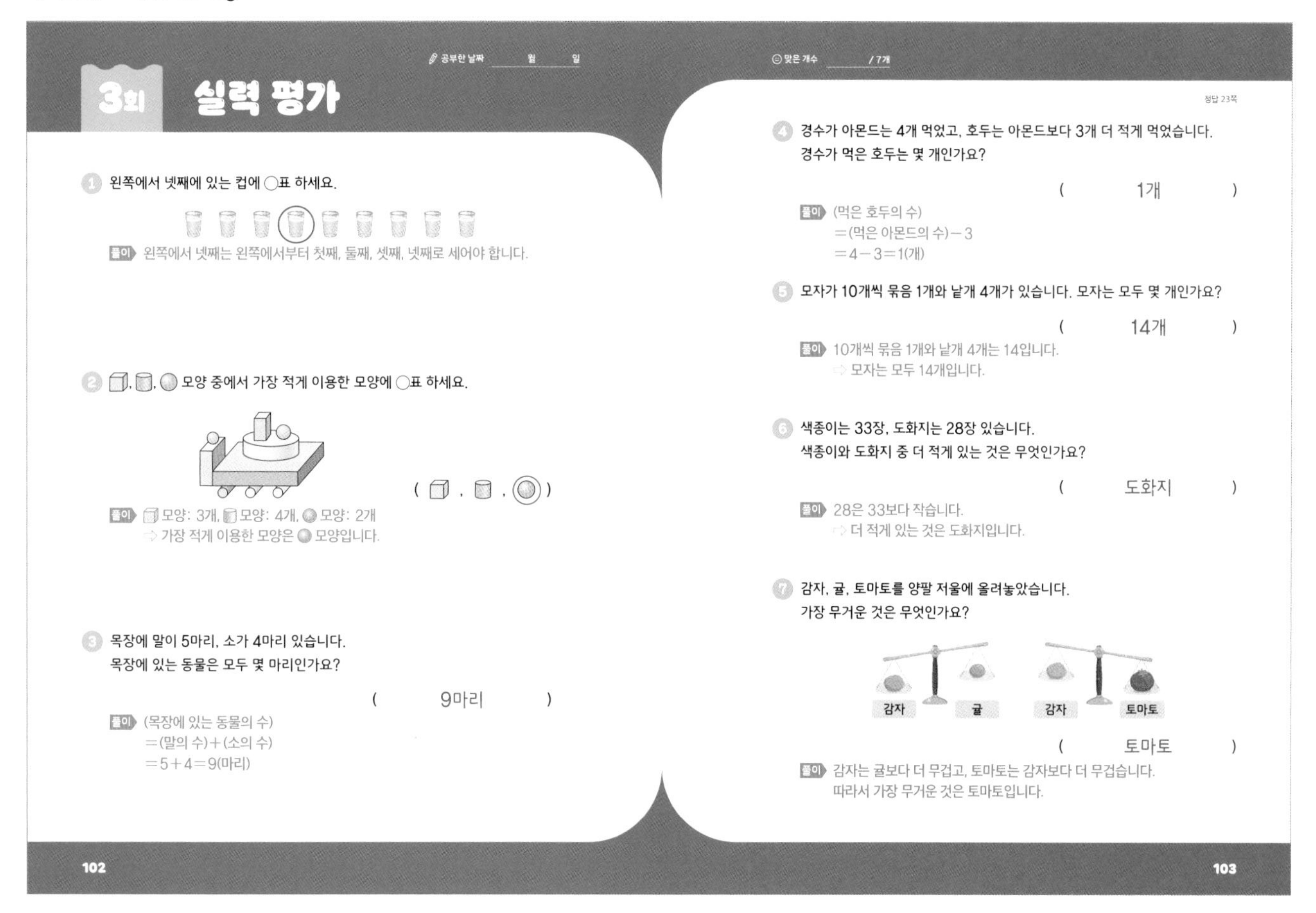

공부한 날짜 월 일

맞은 개수 /7개

3회 실력 평가

정답 23쪽

1 왼쪽에서 넷째에 있는 컵에 ○표 하세요.

풀이 왼쪽에서 넷째는 왼쪽에서부터 첫째, 둘째, 셋째, 넷째로 세어야 합니다.

2 □, □, ○ 모양 중에서 가장 적게 이용한 모양에 ○표 하세요.

(□ , □ , ◎)

풀이 □ 모양: 3개, □ 모양: 4개, ○ 모양: 2개
⇨ 가장 적게 이용한 모양은 ○ 모양입니다.

3 목장에 말이 5마리, 소가 4마리 있습니다.
목장에 있는 동물은 모두 몇 마리인가요?

(9마리)

풀이 (목장에 있는 동물의 수)
=(말의 수)+(소의 수)
=5+4=9(마리)

4 경수가 아몬드는 4개 먹었고, 호두는 아몬드보다 3개 더 적게 먹었습니다.
경수가 먹은 호두는 몇 개인가요?

(1개)

풀이 (먹은 호두의 수)
=(먹은 아몬드의 수)−3
=4−3=1(개)

5 모자가 10개씩 묶음 1개와 낱개 4개가 있습니다. 모자는 모두 몇 개인가요?

(14개)

풀이 10개씩 묶음 1개와 낱개 4개는 14입니다.
⇨ 모자는 모두 14개입니다.

6 색종이는 33장, 도화지는 28장 있습니다.
색종이와 도화지 중 더 적게 있는 것은 무엇인가요?

(도화지)

풀이 28은 33보다 작습니다.
⇨ 더 적게 있는 것은 도화지입니다.

7 감자, 귤, 토마토를 양팔 저울에 올려놓았습니다.
가장 무거운 것은 무엇인가요?

(토마토)

풀이 감자는 귤보다 더 무겁고, 토마토는 감자보다 더 무겁습니다.
따라서 가장 무거운 것은 토마토입니다.

102

103

MEMO